U0184575

好奇心书系

兜锹花臂

世/界/200/种/观/赏/甲/虫

杨瑞 著

重庆大学出版社

图书在版编目（CIP）数据

兜锹花臂：世界 200 种观赏甲虫 / 杨瑞著 . -- 重庆：重庆大学出版社，2022.5（2024.11重印）
(好奇心书系)
ISBN 978-7-5689-2777-2

I. ①兜 ... II. ①杨 ... III. ①观赏型 - 鞘翅目 - 世界 - 青少年读物 IV. ①Q969.48-49

中国版本图书馆 CIP 数据核字（2021）第 122134 号

兜锹花臂——世界200种观赏甲虫
DOU QIAO HUA BI-SHIJIE 200 ZHONG GUANSHANG JIACHONG

杨瑞 著

策划：

MUYE | 牧野虫社　鹿角文化工作室

责任编辑：唐丽　策划编辑：梁涛　版式设计：杨瑞　封面设计：庄哲
责任校对：黄菊香　责任印刷：赵晟

※

重庆大学出版社出版发行
出版人：陈晓阳
社址：重庆市沙坪坝区大学城西路 21 号
邮编：401331
电话：（023）88617190 88617185（中小学）
传真：（023）88617186 88617166
网址：http://www.cqup.com.cn
邮箱：fxk@cqup.com.cn（营销中心）
全国新华书店经销
重庆亘鑫印务有限公司印刷

※

开本：889mm*1194mm 1/32 印张：7.5 字数：217 千
2022 年 5 月第 1 版　2024年11月第 6 次印刷
ISBN 978-7-5689-2777-2 定价：78.00 元

兜

花　臂

锹

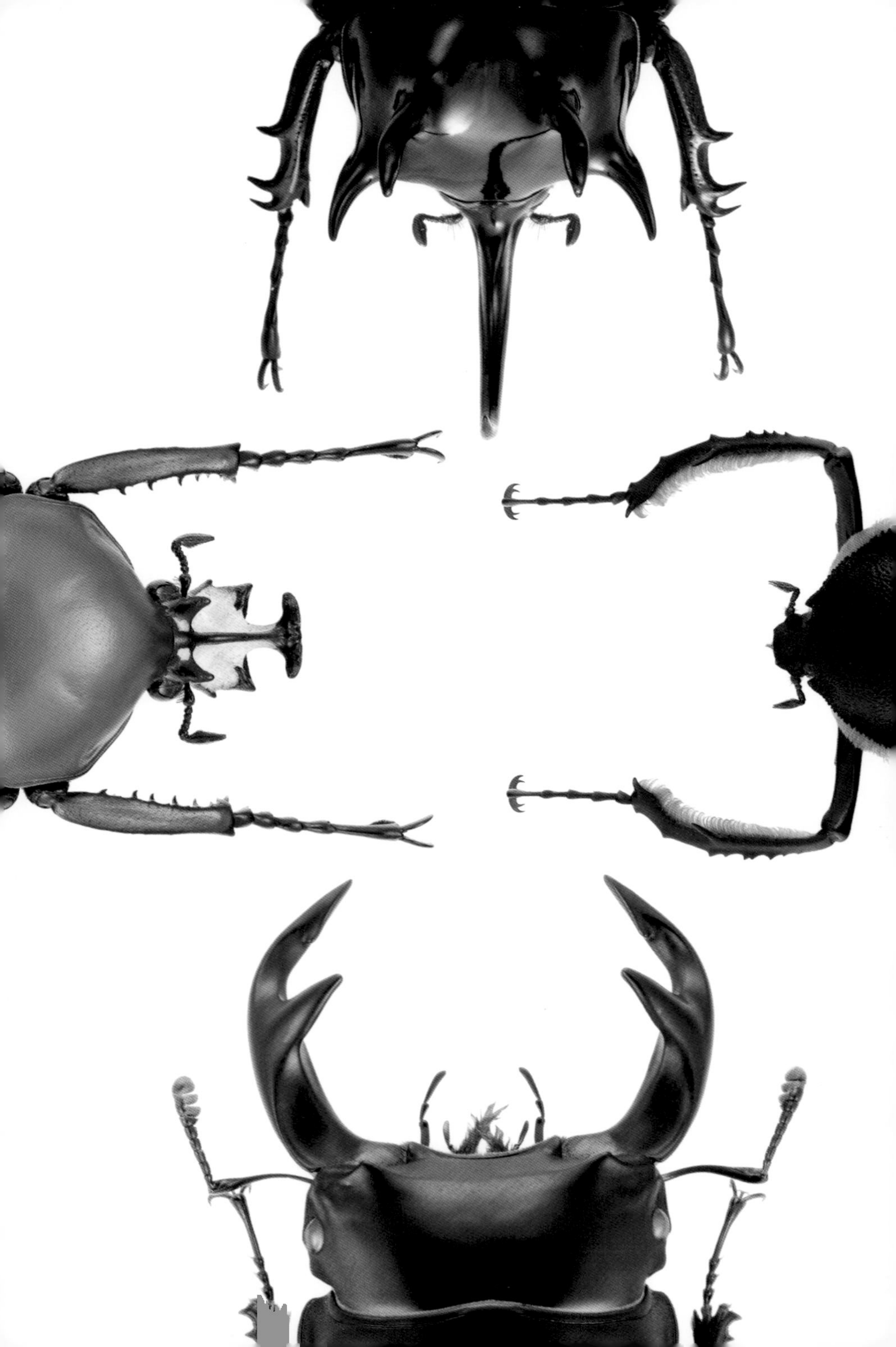

兜锹花臂世界

200种观赏甲虫

目 录 CONTENTS

CHAPTER

2

CHAPTER

2

CHAPTER 3

CHAPTER 4

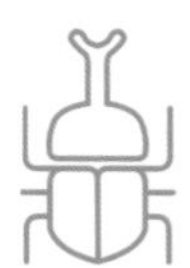

兜锹花臂的魅力

The charm of beetles

甲虫是鞘翅目昆虫的俗称，而鞘翅目昆虫是昆虫纲乃至动物界最大的一个群类，约有三十万种。其中外形奇特、颜色绚烂的兜虫、锹甲、花金龟和长臂金龟，被甲虫爱好者们收集和饲育，这些正是我们带领大家体验饲育乐趣的狭义上的甲虫。

有收藏和观赏价值的甲虫是指金龟科犀金龟亚科（兜虫）、锹甲科、花金龟亚科和金龟科长臂金龟亚科四大类。因此，狭义范围的甲虫，就指代“兜锹花臂”四大类。“兜锹花臂”分布于世界各地，其中，锹甲广布世界各地，长臂金龟主产于亚洲，兜虫主产于拉丁美洲和东南亚。花金龟虽然分布较广，但是属非洲的种类最受欢迎。

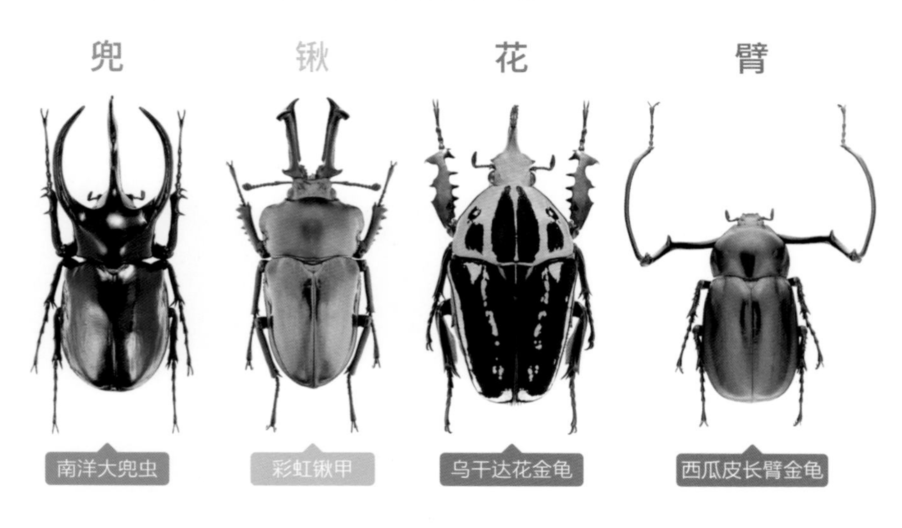

全世界有数千种甲虫可以发掘，用来饲育和观赏。有的甲虫颜色鲜艳，有的甲虫长着炫酷的犄角和霸气的颚，满足各种自然爱好者的需求。

甲虫的外部形态

External form of beetles

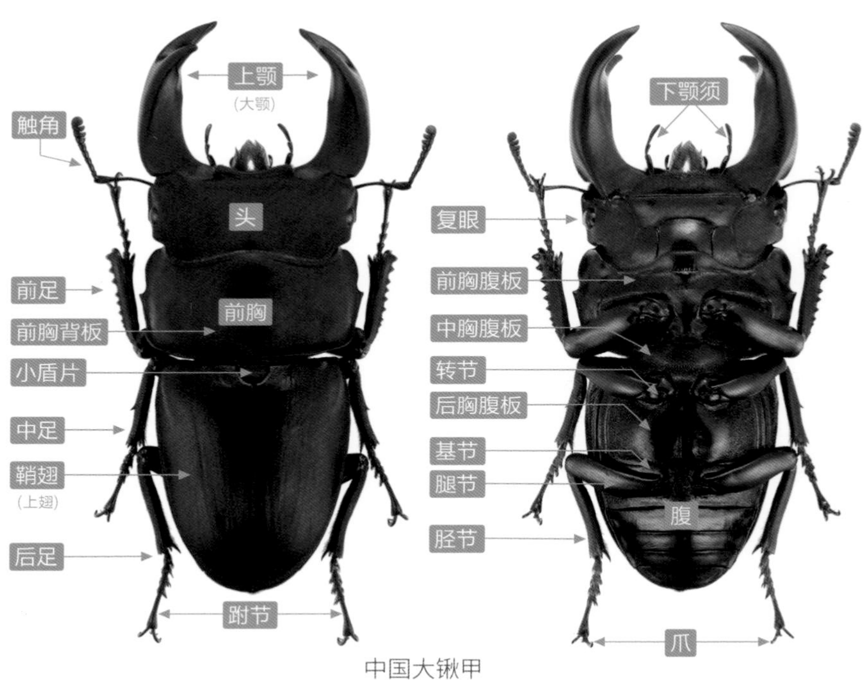

中国大锹甲

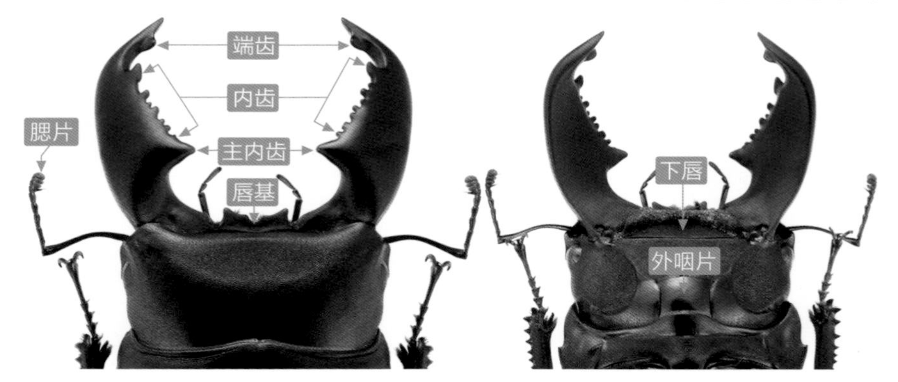

苏门答腊巨扁锹甲

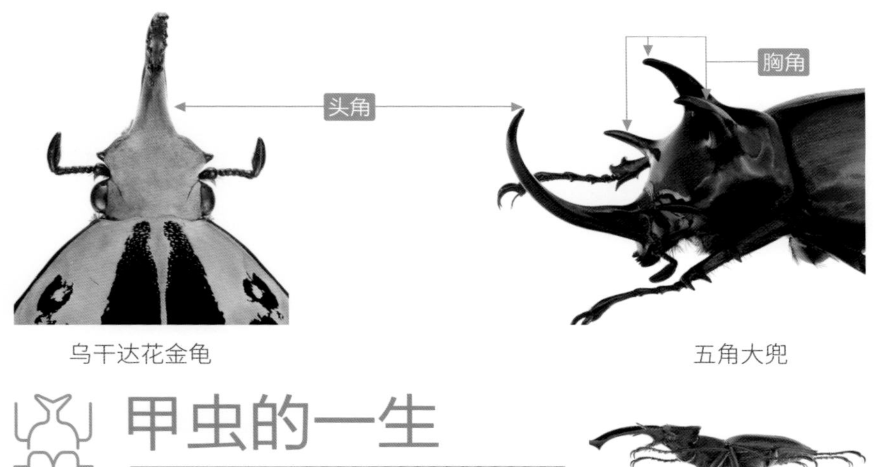

乌干达花金龟　　　五角大兜

甲虫的一生

Beetle's life

甲虫的一生要经历卵－幼虫－蛹－成虫四个阶段，为完全变态昆虫。甲虫产下的卵孵化出幼虫，在朽木或者腐殖物里缓慢生长，共经历三次蜕皮，4~10 个月后，幼虫发黄，食量减少，接着会用口器里的分泌物和排出的粪便，在介质里做出蛹室或者土茧，从而进入前蛹期。再过 15~45 天，蜕皮成为真正的蛹。蛹的内部再经历一系列奇妙的蛋白质变化和几丁质形成，30~60 天，终于羽化成虫。刚羽化的甲虫成虫并不会马上活动和进食，而是先在介质里休息，等待身体机能完全成熟，再爬出介质活动。这段时间就称为蛰伏期。出了蛰伏期的甲虫，爬出介质觅食、交配和繁殖，开始新一轮的生命周期。

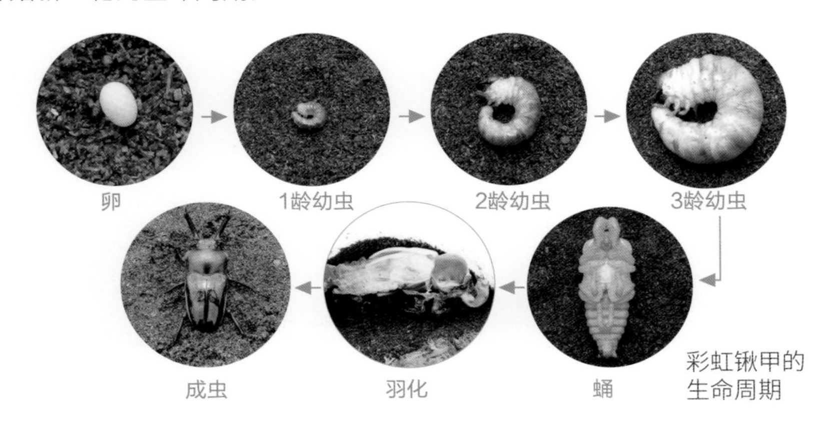

彩虹锹甲的生命周期

本书使用说明

Instructions

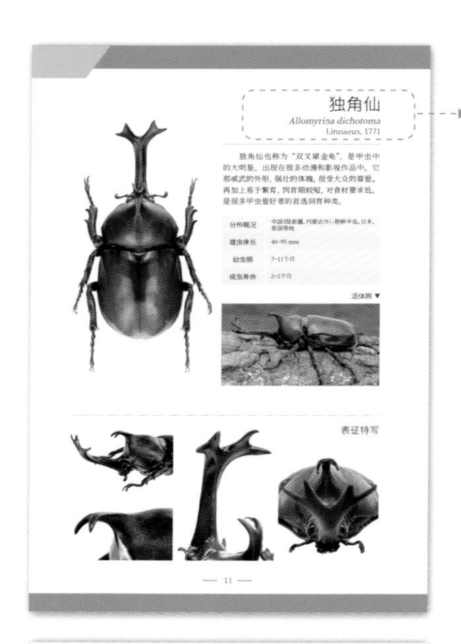

独角仙

Allomyrina dichotoma

Linnaeus, 1771

独角仙也称为"双叉犀金龟"，是甲虫中的大明星，出现在很多动漫和影视作品中。它那威武的外形，强壮的体魄，很受大众的喜爱。再加上易于繁育，饲育期较短，对食材要求低，是很多甲虫爱好者的首选饲育种类。

分布概况	中国(除新疆、内蒙古外)；朝鲜半岛、日本、泰国等地
雄虫体长	40~95 mm
幼虫期	7~11个月
成虫寿命	2~5个月

活体照 ▼

表征特写

— 11 —

独角仙 → 物种中文名

Allomyrina dichotoma → 物种拉丁文名

Linnaeus, 1771

物种的学名在拉丁文之后会接上描述该物种的人的姓氏及描述年份，其中物种名称为斜体字，描述人及年份为正体字，描述人与年份之间以逗号间隔，一个完整的名字需要：物种名 + 描述人的姓氏，还有描述的（发表）年份。如果一个物种的属级发生变动，会在描述人及年份部分加 ( )。

分布概况	中国(除新疆、内蒙古外)；朝鲜半岛、日本、泰国等地
雄虫体长	40~95 mm
幼虫期	7~11个月
成虫寿命	2~5个月

此处为该物种的基本信息，由于信息及相关研究有限，故国内甲虫的分布概况只精确到省，国外甲虫的分布概况大多则精确到国家。此外，由于饲育经验及食材的进步，甲虫的体长极限也在不断刷新，因此信息栏中关于体长的数据仅供参考。

活体照 ▼

由于一些甲虫死后做成的标本体色往往会发生变化，此处提供甲虫活体图片供大家参考。

兜

兜在此书中指的是兜虫亚科（Dynastinae）甲虫的简称，为鞘翅目金龟子总科（Scarabaeoidea）金龟子科（Scarabaeidae）的一个亚科。兜虫亚科也被称为“犀金龟亚科”，犀金龟其名的来源是因为该亚科下的大多数雄性成虫的头部与前胸背板都长有突出的犄角，形似犀牛。而“兜虫”一词是形容这类甲虫的雄虫形似日本古代武士头盔。在日文中，武士的头盔被称为“兜（カブト）”，我国古代也将头盔称为“兜鍪”。由于人工繁育甲虫的风潮最早兴盛于日本，因此目前我们也沿用了“兜虫”一词来称呼大多数兜虫亚科的甲虫。

▲ 日本战国时代的武士头盔

大多数兜虫都是典型的雌雄二型昆虫，即同一种类的雄性成虫与雌性成虫在外部形态上有着显著差异。与雄性成虫的头部和前胸背板上飞扬跋扈的犄角相比，雌性成虫多数都没有犄角，而是一副圆滚滚呆萌的样子，也有极少数兜虫的雌性成虫头部顶着一根细长的犄角，如潘神大兜的雌性成虫。

▲ 墨西哥白兜雌性成虫

▲ 潘神大兜雌性成虫，可见其头部竖起的犄角

兜虫雄性成虫形态各异的犄角是它们与同类或其他竞争者争夺领地、食物和配偶的主要武器，可以说是演化历程中严酷军备竞赛后的结果。雄性成虫武器常见的使用方法有两种：一种是在争斗中将自己的头角尽力伸入对方的腹面后，用力将对方翘起丢出，我们所熟知的独角仙就是用的这种“战斗”方法。另一种是凭借头角与胸角形成的“夹子”牢牢夹住对方，将其夹起丢出，甚至直接将对方的身体夹破、夹断造成巨大伤害。

▲ 雄性独角仙的头角前端扁平分叉

▲ 拥有霸气犄角的雄性婆罗洲南洋大兜

▲ 争斗中的雄性泰国姬兜，它们正试图使用头角与胸角夹住对手

以产卵繁殖为重要任务的雌虫则不需要这些“杀伤性武器”，由于大多数兜虫需要将卵产在森林地表的腐殖土或朽木之中，因此雌虫浑圆的身体、略呈铲形的头部和发达的前足胫节都成了挖掘腐殖土、拱钻朽木的利

器。多数情况下，雌虫在产完卵后会用其后足将卵用产卵介质包裹起来，所以雌虫的后足胫节末端都比较膨大发达。

▲ 南洋大兜雌性成虫

▲ 美西白兜雌性成虫，可以看到其后肢膨大的结构

兜虫的幼虫是白白胖胖的“蛴螬型幼虫”，通常都是弯曲身体呈弯月状。雌虫在产完卵后，由卵孵化成为 1 龄幼虫，之后幼虫开始狂吃海喝，外皮很快就容不下日渐发福的身体，于是就开始蜕皮成为 2 龄幼虫，2 龄幼虫经过一段时间的营养积累会再蜕掉一层外皮，成为 3 龄幼虫，此时的 3 龄幼虫已经是 1 龄幼虫体型的几十倍了！3 龄幼虫的末期，外皮会开始发黄，变得粗糙，活动能力也开始变差，在介质中做好蛹室后，便静静地待在其中准备化蛹。

▲ 从左至右为战神大兜雄虫的 1 龄幼虫、3 龄幼虫、3 龄末期老熟幼虫、蛹和成虫

大多数兜虫的幼虫在外观上极其相似，粗看之下都长得一模一样，就连有多年饲育经验的爱好者也不能完全通过幼虫的外观来判断具体是哪一种甲虫。

▲ 老熟的雄性亚克提恩大兜幼虫

▲ 3 龄末期的雄性长戟大兜西方亚种幼虫

但当雄性 3 龄幼虫蜕掉最后一层外皮化蛹之后就很容易判断其种类了，当然，想要通过雌虫蛹的外观来判断种类依然不是件容易的事。蛹期是甲虫最脆弱最容易受到伤害的时期，由于蛹几乎无法移动，只能通过扭动腹部来调整体位，因此无法抵御外来危险的伤害，甚至会因感染真菌而死亡。

▲ 雄性毛象大兜的蛹

▲ 雄性高加索南洋大兜的蛹

▲ 静静躺在蛹室中等待羽化的雄性长戟大兜

刚刚羽化的甲虫虽然已经全身披甲了，但甲壳还是比较柔软，仍然容易受到伤害。再经过一段不吃不喝静静等待甲壳硬化、内脏器官发育健全的蛰伏期后，甲虫就可以从蛹室中爬出，开始在大自然中自由自在地活动了。

▲ 羽化在即的雄性阿努比斯大兜，透过外皮已经可以清晰地看见已发育较为成熟的身体

▲ 度过蛰伏期后，这只威武的长戟大兜就会爬出蛹室睥睨天下了

独角仙

Trypoxylus dichotoma
Linnaeus, 1771

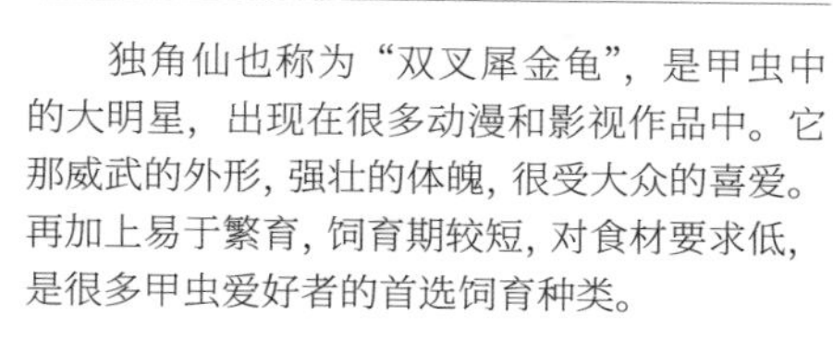

独角仙也称为“双叉犀金龟”，是甲虫中的大明星，出现在很多动漫和影视作品中。它那威武的外形，强壮的体魄，很受大众的喜爱。再加上易于繁育，饲育期较短，对食材要求低，是很多甲虫爱好者的首选饲育种类。

分布概况	中国（除新疆、内蒙古外）；朝鲜半岛、日本、泰国等地
雄虫体长	40~95 mm
幼虫期	7~11个月
成虫寿命	2~5个月

活体照 ▼

表征特写

云顶小兜

Allomyrina pfeifferi
(Redtenbacher, 1867)

云顶小兜是一种小型兜虫，因原产于马来西亚云顶高原而得名。本种全身布满金色鳞毛，在干燥的环境下，其全身会散发出微弱的金属光泽，而在潮湿环境下，则呈现出黑色。它是一种非常可爱有趣的甲虫。

分布概况	马来西亚(西马)、印度尼西亚、缅甸
雄虫体长	25~48 mm
幼虫期	8~10个月
成虫寿命	5~10个月

活体照 ▼

表征特写

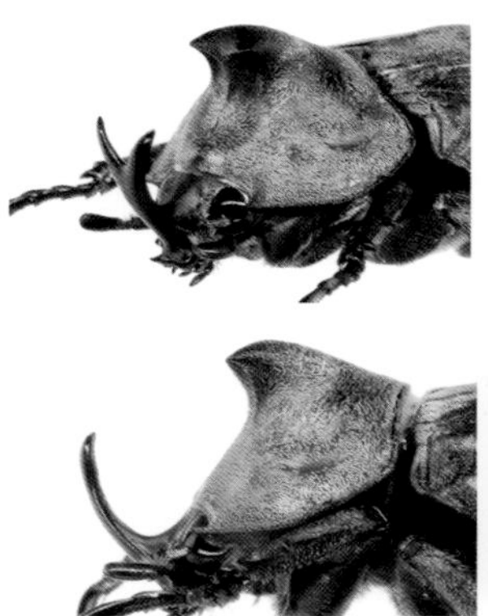

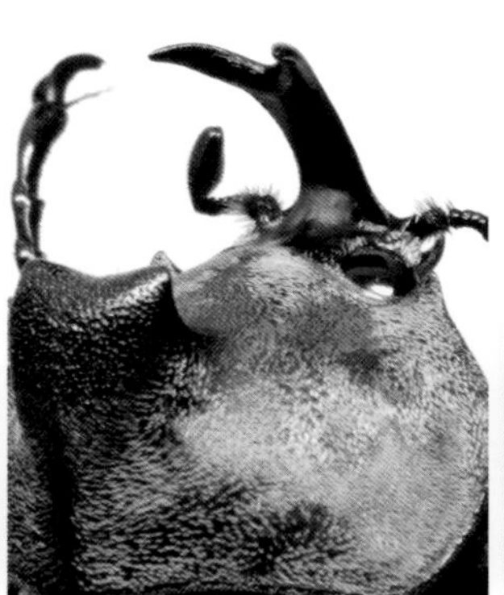

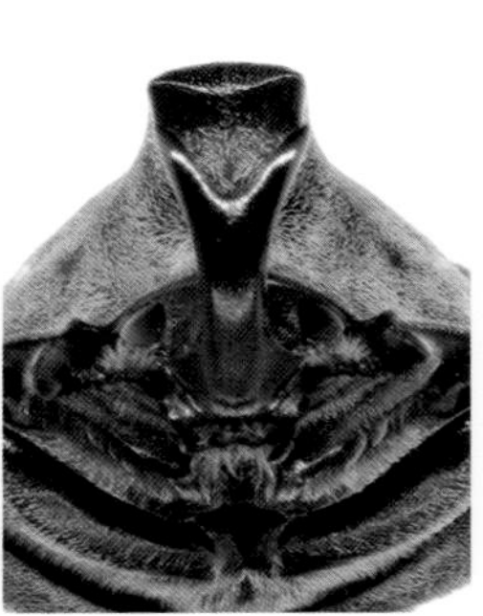

五角大兜

Eupatorus gracilicornis
Arrow, 1908

※ 此标本为中国科学院动物研究所收藏

五角大兜也称为“细尤犀金龟”，可以说是国内兜虫中最美的物种之一，在欧洲昆虫爱好者中也很受热捧。雄性成虫的头角细长弯曲，前胸背板中部与侧面各生有一对犄角，共计五个犄角。五角大兜幼虫期较长，需要1.5~2年。

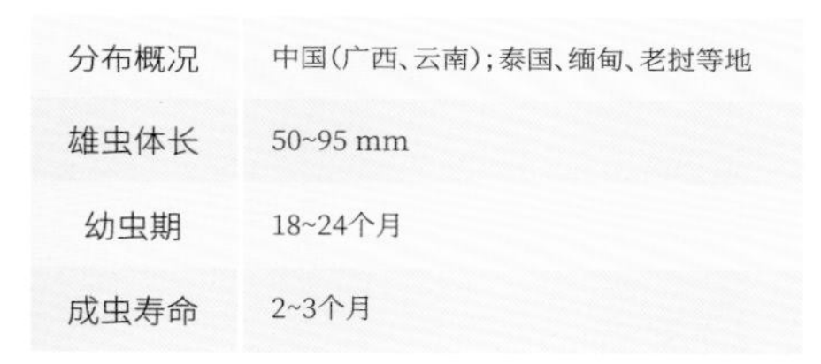

分布概况	中国（广西、云南）；泰国、缅甸、老挝等地
雄虫体长	50~95 mm
幼虫期	18~24个月
成虫寿命	2~3个月

活体照 ▼

表征特写

金边五角大兜

Eupatorus hardwickei
（Hope, 1831）

金边五角大兜也称为“粗尤犀金龟”，它的雄性成虫胸角较为短小，头角比较短粗。金边五角大兜之名来源于其鞘翅两侧有一条金色色带，使其在五角大兜家族中脱颖而出。不过也存在全黑型、黄褐色型两种色型。

分布概况	中国（云南）；越南、缅甸等地
雄虫体长	40~75 mm
幼虫期	12~18个月
成虫寿命	2~3个月

活体照▼

※ 此标本为中国科学院动物研究所收藏

表征特写

兔子兜

Eupatorus birmanicus
Arrow, 1908

兔子兜也被称为“兔耳尤犀金龟”，全身深栗色或黑色。头部和胸部的甲壳光洁闪亮，而鞘翅却是略显粗糙的磨砂质感。因其雄虫前胸背板垂直方向上的胸角如同一对竖起的兔子耳朵而得名，是十分可爱广受欢迎的物种。

分布概况	泰国、缅甸
雄虫体长	45~70 mm
幼虫期	18~24个月
成虫寿命	4~5个月

活体照▼

表征特写

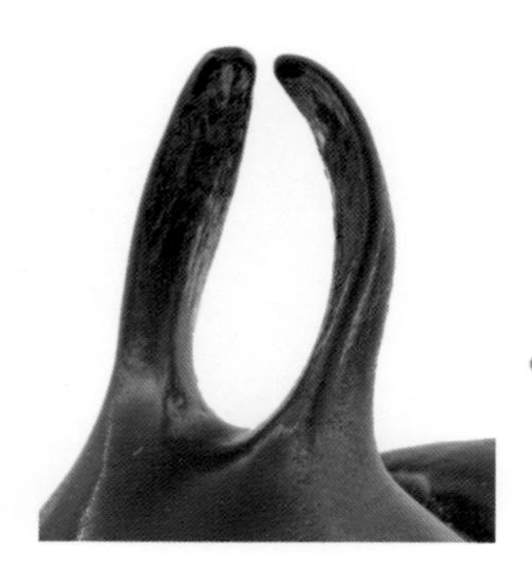

高加索南洋大兜

Chalcosoma chiron chiron
(Olivier, 1789)

本种属名的拉丁文学名在希腊语中“chalco”是“青铜”的意思，“soma”是“身体”的意思，组合起来“Chalcosoma”就是“青铜色身体”的意思，这是因为本属物种的鞘翅会呈现出一种淡绿色，类似青铜器的光泽。本属的雌虫鞘翅虽然也有青铜色，但其表面则有一层细密的鳞毛，使这种青铜色显得黯淡许多。

分布概况	印度尼西亚（爪哇岛）
雄虫体长	50~135 mm
幼虫期	12~18个月
成虫寿命	4~8个月

活体照▼

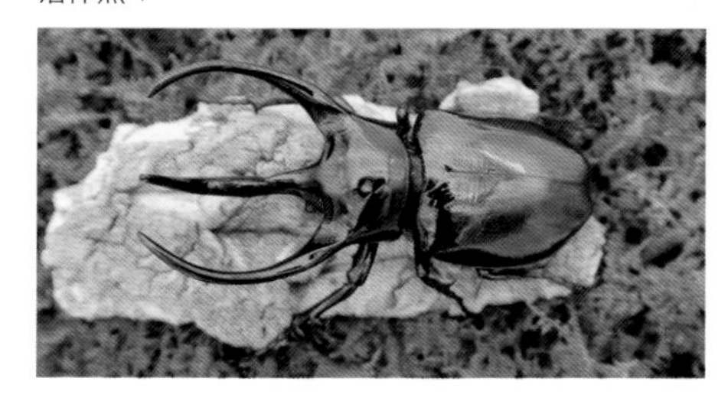

表征特写

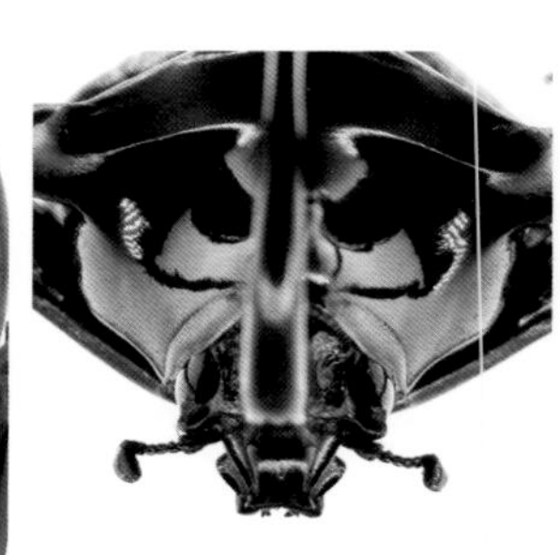

婆罗洲南洋大兜

Chalcosoma moellenkampi
Kolbe, 1900

婆罗洲南洋大兜主要分布在婆罗洲岛。和南洋大兜属其他种类相比，本种雄虫头角上的刺突更小或完全消失，显得比较光滑，胸角则向前平直地伸出，如同出鞘的利剑，十分威武本种也是南洋大兜属中较为容易饲育的种类。

分布概况	马来西亚（东马）、印度尼西亚（加里曼丹）、文莱
雄虫体长	50~112 mm
幼虫期	12~18个月
成虫寿命	4~8个月

活体照▼

表征特写

巨无霸姬兜

Xylotrupes gideon sumatrensis
(Guérin-Méneville, 1830)

姬兜属分为很多亚种，广布在中国西南多省及东南亚。巨无霸姬兜则是姬兜属里的大个子，雄性成虫最大个体可达 85 mm。成虫体色呈现暗红色到黑色。大部分姬兜会通过摩擦腹部与鞘翅而发出“叽叽”的声响，吓唬惊扰它们的动物。

分布概况	印度尼西亚(苏门答腊岛)
雄虫体长	40~85 mm
幼虫期	8~12个月
成虫寿命	3~5个月

活体照▼

表征特写

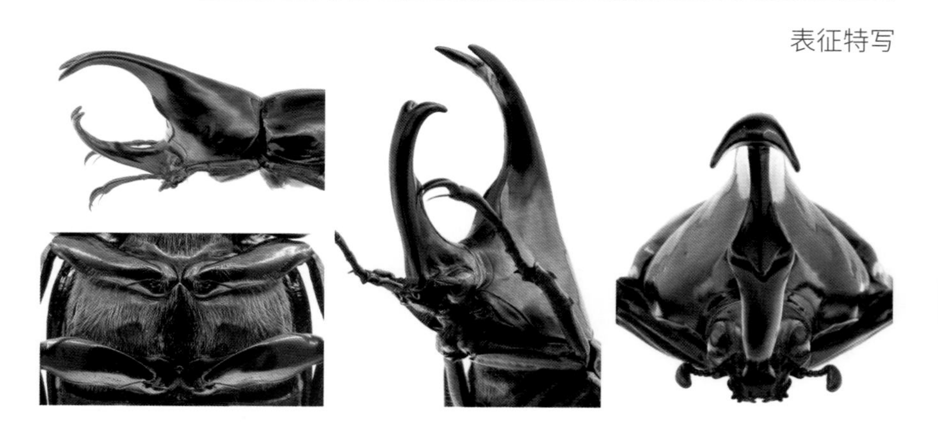

鬃毛姬兜

Xylotrupes pubescens
Waterhouse, 1841

鬃毛姬兜是非常精美的中小型姬兜，生性活泼好动。其身体上的鳞毛易在日常活动中逐渐磨损，如果想保持鳞毛尽可能完整，务必在饲育环境中选用较为柔软的垫材，诸如水苔，以保护其鳞毛。

分布概况	菲律宾
雄虫体长	30~75 mm
幼虫期	6~10个月
成虫寿命	3~5个月

活体照 ▼

表征特写

战神大兜

Megasoma mars
(Reiche, 1852)

战神大兜的拉丁文名为“mars”，即希腊神话中的“战神马尔斯”。本种体型巨大，雄性成虫的身体会散发出一种类似朱古力的香味，颇为奇特。战神大兜厚重的身体、威武的犄角以及闪亮的甲壳，使其成为甲虫饲育者中的明星物种，但较长的幼虫生长期也使一些爱好者望而却步。

分布概况	哥伦比亚、秘鲁、厄瓜多尔、巴西等地
雄虫体长	59~140 mm
幼虫期	18~36个月
成虫寿命	3~5个月

活体照 ▼

表征特写

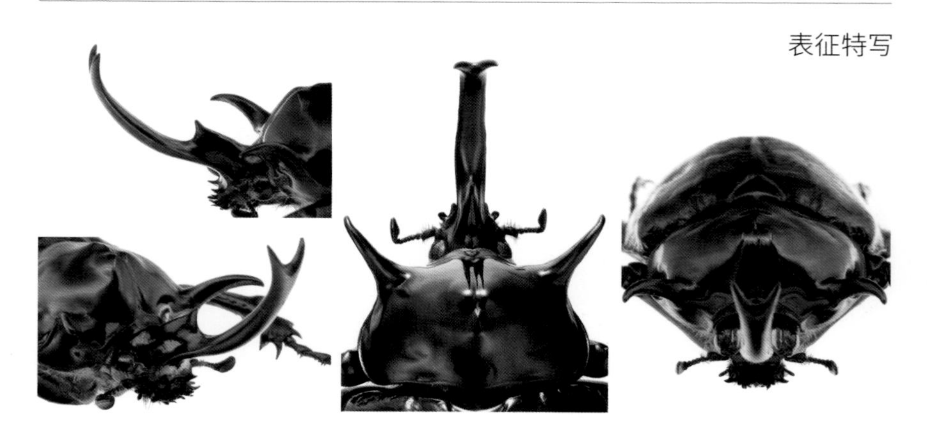

帕切克小战神兜

Megasoma pachecoi
Cartwright, 1963

产自墨西哥下加利福尼亚地区的帕切克小战神兜几乎是战神大兜的缩小版，它的雄性成虫也拥有和战神大兜十分相似的头角和胸角，只是其头角上没有战神大兜那样的角突。小巧的身型也决定了帕切克小战神兜有着更短的幼虫期，通常从卵到羽化只需要 1~1.5 年。

分布概况	墨西哥（下加利福尼亚）
雄虫体长	29~68 mm
幼虫期	12~18个月
成虫寿命	3~5个月

活体照 ▼

表征特写

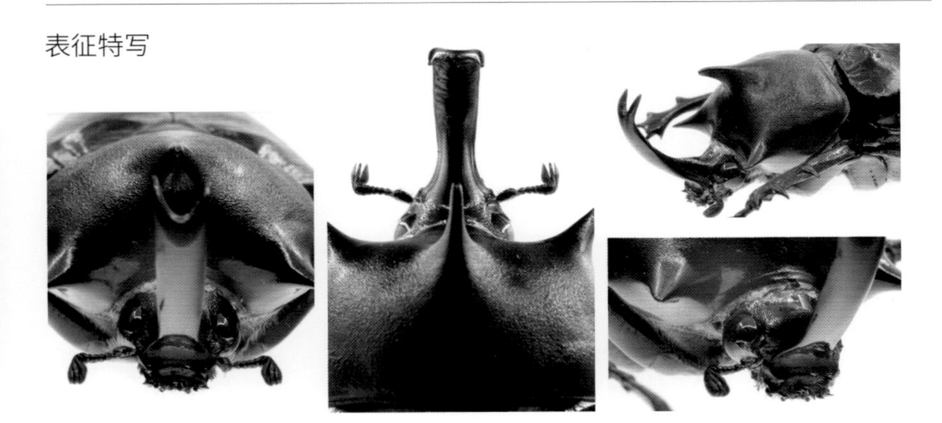

亚克提恩大兜

Megasoma actaeon
(Linnaeus, 1758)

亚克提恩大兜是世界上体重最重的甲虫，以希腊神话中的英雄阿克泰翁之名命名。与战神大兜相比，本种的胸角更为粗壮，也更为平直，其甲壳没有战神大兜闪亮。和战神大兜一样，本种的幼虫期也比较长，通常都在 2~3 年，也有长达 4 年幼虫期的个体。

分布概况	委内瑞拉、圭亚那、苏里南、巴西
雄虫体长	53~137 mm
幼虫期	24~36个月
成虫寿命	3~5个月

活体照 ▼

表征特写

毛象大兜

Megasoma elephas elephas
（Fabricius, 1775）

在哥斯达黎加等中美洲国家，毛象大兜雄性成虫的头胸部分常被用作项链，饰以黄金。毛象大兜除了文中所提及物种外，还有一种 *Megasoma occidentale*，该物种雄性成虫的胸角水平朝向身体两侧而不是斜向前方，被称为“平胸毛象大兜”或“西方毛象大兜”。

分布概况	墨西哥、哥斯达黎加、洪都拉斯等地
雄虫体长	53~138 mm
幼虫期	18~30个月
成虫寿命	3~5个月

活体照 ▼

表征特写

德赛提斯小毛象兜

Megasoma thersites
LeConte, 1861

德赛提斯小毛象兜几乎全身都覆有黄色的鳞毛，雄性成虫头部长有稍长的头角，头角顶段部呈“Y”字形分叉，胸角分为三个，中央的胸角向前伸出两侧各有一小型尖凸，两侧的胸角为三角形。因其身上的鳞毛与毛象大兜相似，体型却小巧很多，因此被称为“小毛象兜”。

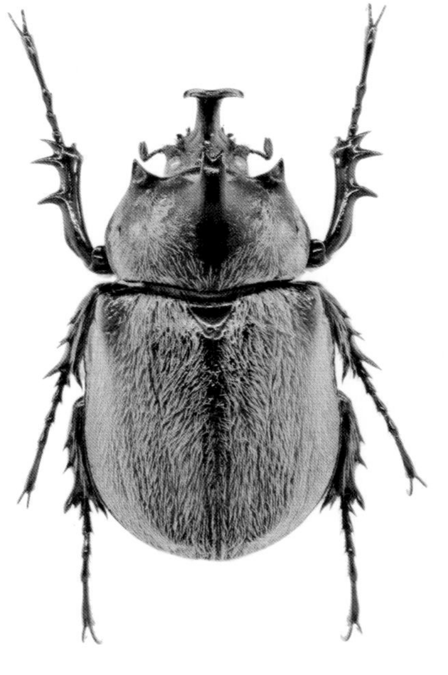

分布概况	墨西哥（下加利福尼亚、南下加利福尼亚）
雄虫体长	25~55 mm
幼虫期	12~18个月
成虫寿命	4~6个月

活体照 ▼

表征特写

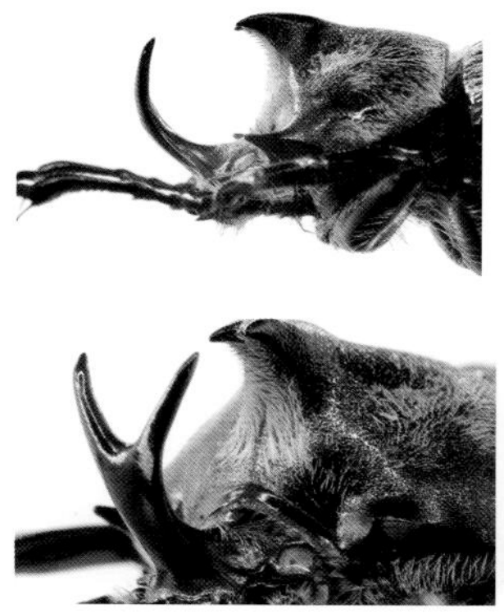

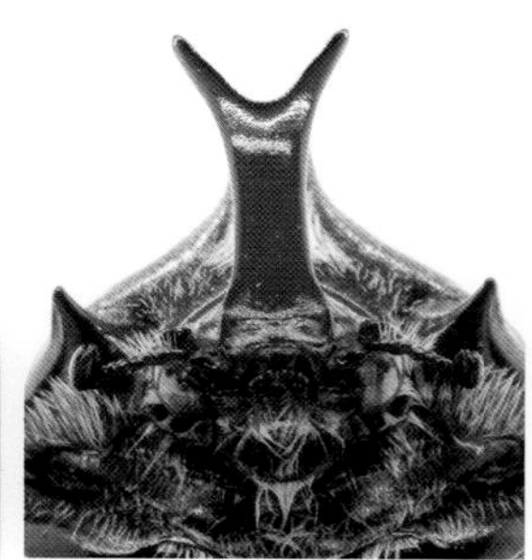

提丰大兜

Megasoma typhon typhon
(Olivier, 1789)

提丰大兜得名于希腊神话中大地女神盖亚之子、万妖之祖“提丰”。本种雄性成虫前胸背板正中伸出一支胸角，使其拥有了四支角。提丰大兜先前被划分为“盖亚斯大兜（*M. gyas gyas*）”后在 2020 年末被认定为包含 2 个亚种的新物种，本页为提丰大兜指名亚种。

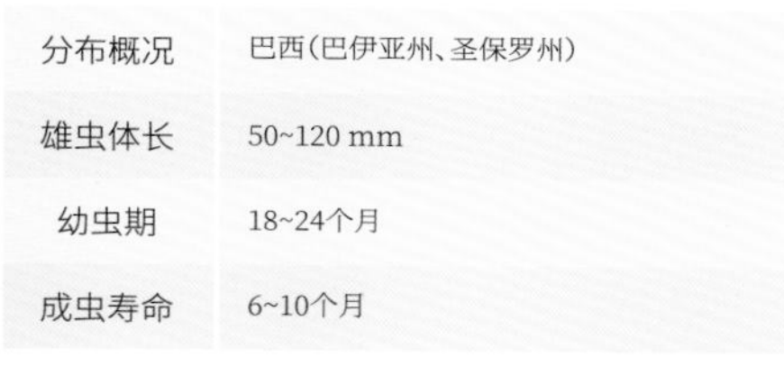

分布概况	巴西（巴伊亚州、圣保罗州）
雄虫体长	50~120 mm
幼虫期	18~24个月
成虫寿命	6~10个月

活体照 ▼

表征特写

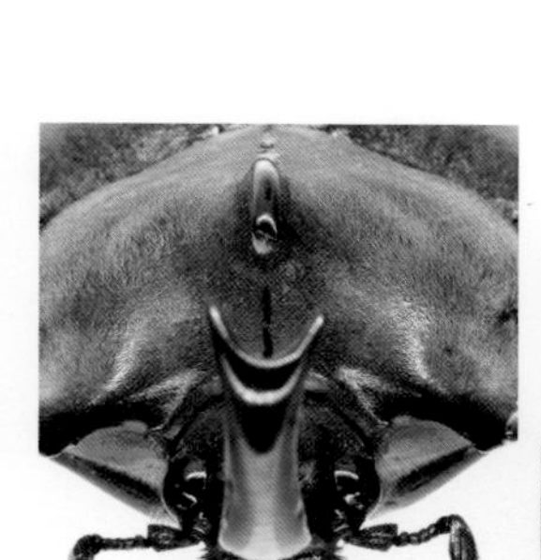

阿努比斯大兜

Megasoma anubis
(Chevrolat, 1836)

阿努比斯大兜得名于埃及神话中掌管木乃伊制作和亡者死后生活的胡狼头之神阿努比斯神，故也称为“死神大兜”。与其他象兜属的甲虫相比，本种的鞘翅有明显的条纹，而且雄虫身上的鳞毛相对于毛象大兜也更不易脱落。

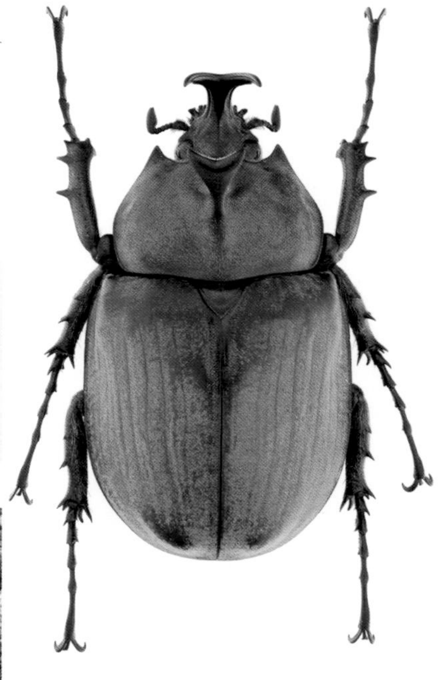

分布概况	巴西、巴拉圭、阿根廷等地
雄虫体长	45~95 mm
幼虫期	12~18个月
成虫寿命	6~10个月

活体照 ▼

表征特写

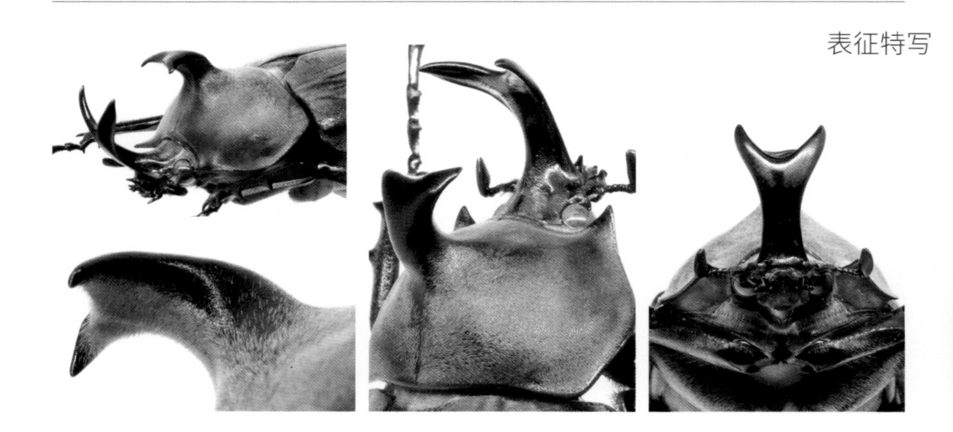

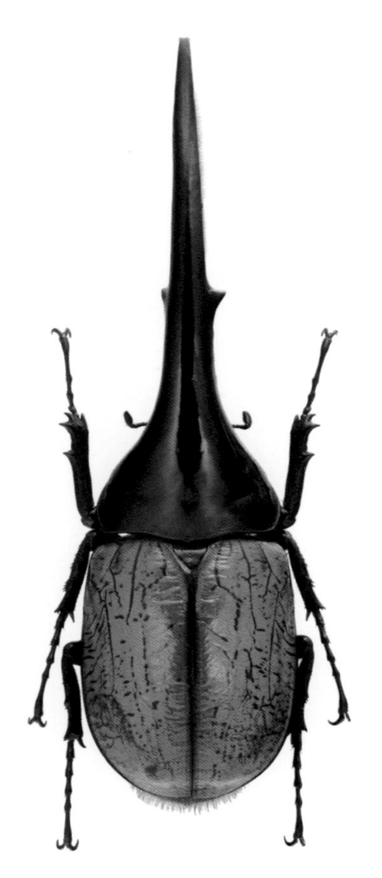

海格力斯长戟大兜

Dynastes hercules hercules
(Linnaeus, 1758)

海格力斯长戟大兜是世界上体型最大的甲虫，犹如其名“海格力斯”——希腊神话中的大力神一样拥有极为强健的体魄，是甲虫界乃至昆虫界的超级明星。长戟大兜目前被分为十多个亚种，虽然体型巨大，但是饲育却非常简单，要饲育出超大个体仍需要一定技术。

分布概况	瓜德罗普岛、多米尼克
雄虫体长	50~182 mm
幼虫期	12~24个月
成虫寿命	8~10个月

活体照 ▼

表征特写

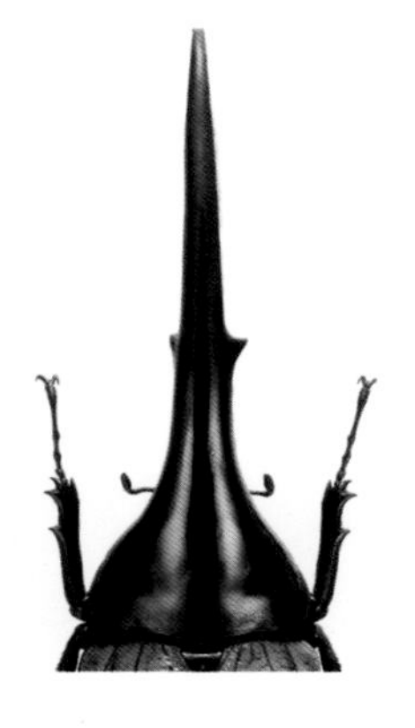

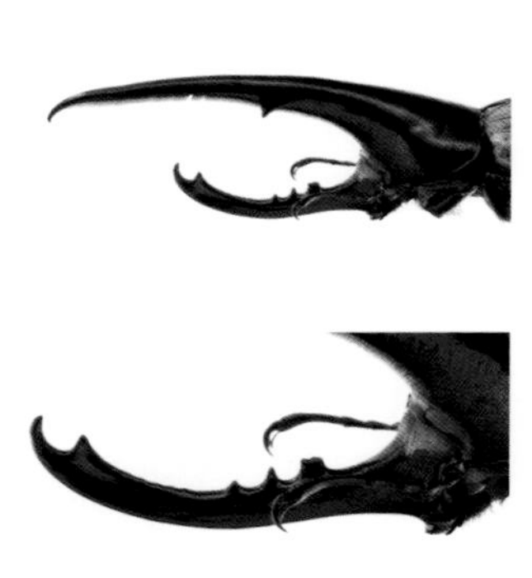

长戟大兜西方亚种

Dynastes hercules occidentalis
Lachaume, 1985

相比前面介绍的海格力斯长戟大兜，长戟大兜西方亚种的雄性成虫胸角更为苗条纤细，鞘翅颜色也更深一些。除此之外，它的头角前段的凸起呈回钩状，且头角上只有一个角凸，处在更靠近头部的地方。

分布概况	巴拿马、哥伦比亚、厄瓜多尔等地
雄虫体长	70~165 mm
幼虫期	12~14个月
成虫寿命	4~6个月

活体照 ▼

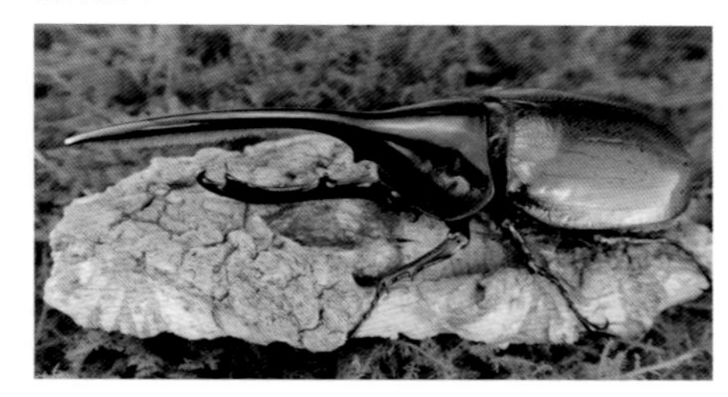

表征特写

海神大兜

Dynastes neptunus
(Quensel , 1805)

海神大兜因其雄性成虫的三枚胸角如同罗马神话中海神尼普顿的三叉戟而得名。本种雄性成虫全身漆黑闪亮，胸角至头部丛生金色鳞毛，雌性成虫鞘翅有纵向分布的条纹。本种虽然体型不胜于长戟大兜，但修长的犄角、漂亮的身材比例使其魅力不输于长戟大兜。

分布概况	哥伦比亚、委内瑞拉、厄瓜多尔
雄虫体长	55~155 mm
幼虫期	22~26个月
成虫寿命	8~10个月

活体照 ▼

表征特写

墨西哥白兜

Dynastes hyllus
Chevrolat, 1843

墨西哥白兜是一种体型浑圆、非常可爱的中型兜虫，对食材及温度要求都不高，非常适合新手饲育者。本种的甲壳会随着湿度变化而变化：当湿度高时，甲壳呈现出黑色；当湿度降低后，就会逐渐变成浅黄至墨绿色。

分布概况	墨西哥、危地马拉等地
雄虫体长	40~92 mm
幼虫期	12~18个月
成虫寿命	8~10个月

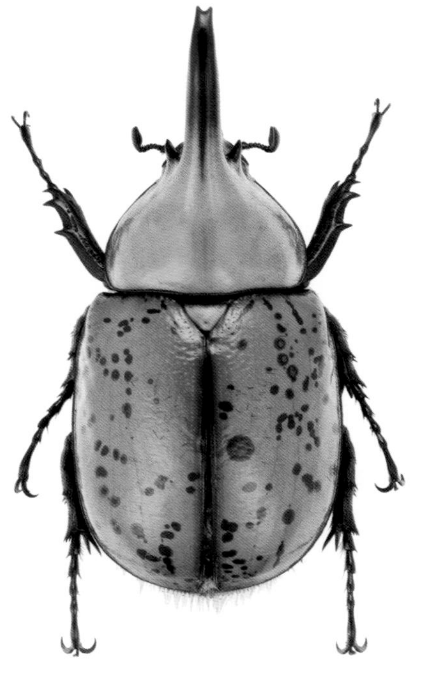

活体照 ▼

表征特写

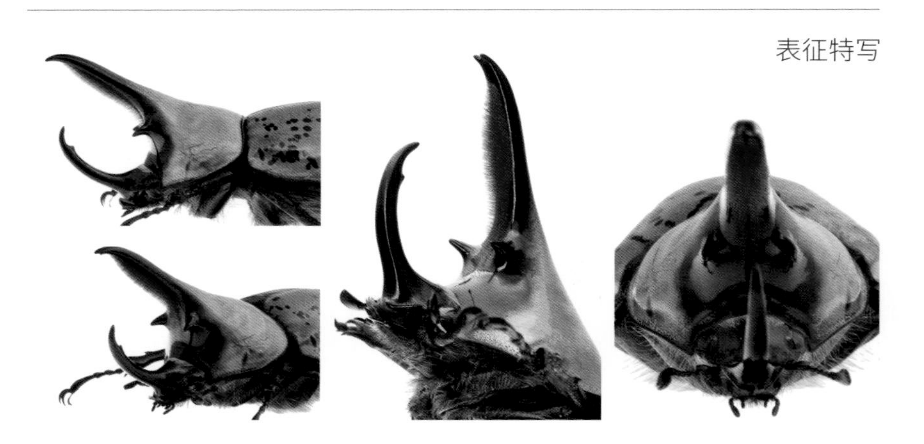

美东白兜

Dynastes tityus
(Linnaeus, 1763)

美东白兜与墨西哥白兜非常相似，但是体型则更小，也是 *Dynastes* 属兜虫中体型最小的物种。本种雄性成虫主胸角下方两侧的小角相比墨西哥白兜的雄虫更细长。与墨西哥白兜一样，美东白兜的甲壳也会随着湿度变化而变化。

分布概况	美国（东部、东南部）
雄虫体长	30~70 mm
幼虫期	12~24个月
成虫寿命	6~10个月

活体照 ▼

表征特写

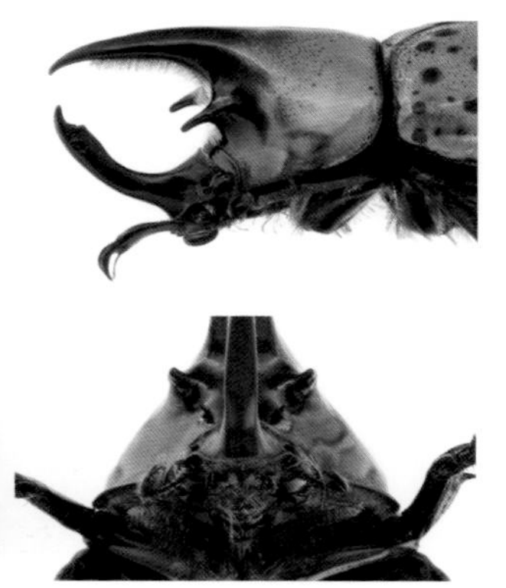

美西白兜

Dynastes grantii
(Horn, 1870)

美西白兜是所有白兜中体色最浅，也是最符合“白兜”这一称呼的。本种的体型介于墨西哥白兜与美东白兜之间，雄性成虫的胸角通常更为细长。因为原产地自然环境的因素，美西白兜的卵期有时会长达半年之久。

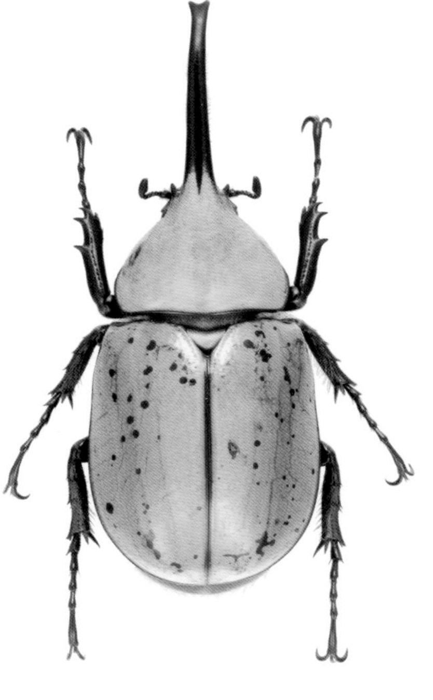

分布概况	美国（亚利桑那州、新墨西哥州、犹他州）、墨西哥（索诺拉、奇瓦瓦、杜兰戈）
雄虫体长	35~80 mm
幼虫期	18~24个月
成虫寿命	6~10个月

活体照 ▼

表征特写

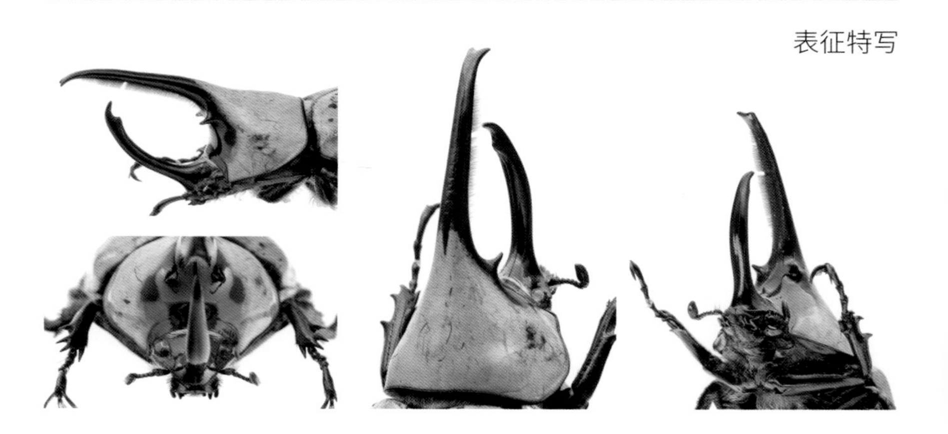

撒旦大兜

Dynastes satanas
Moser, 1909

此标本为中国科学院动物研究所收藏

撒旦大兜栖息在南美洲玻利维亚常年低温多雨的高山林地之间，成虫常在黎明时分出没活动，一天中的其他时候，则隐蔽在森林落叶之中。目前，由于栖息地的破坏，本种被列入受《濒危野生动植物种国际贸易公约》（CITES）管制的昆虫名单。

分布概况	玻利维亚
雄虫体长	50~120 mm
幼虫期	18~22个月
成虫寿命	4~8个月

表征特写

大雨伞竖角兜

Golofa claviger
（Linnaeus, 1771）

大雨伞竖角兜因其雄性成虫胸角形似雨伞而得名，本属雄性成虫的胸角朝向竖直方向，不同于一般兜虫的胸角朝向水平方向。该属共有二十多个物种，遍布南美洲多个国家。本种在南美部分国家被认为是破坏棕榈种植业的有害物种。

分布概况	哥伦比亚、委内瑞拉、秘鲁、玻利维亚等地
雄虫体长	40~55 mm
幼虫期	8~12个月
成虫寿命	2~3个月

活体照 ▼

表征特写

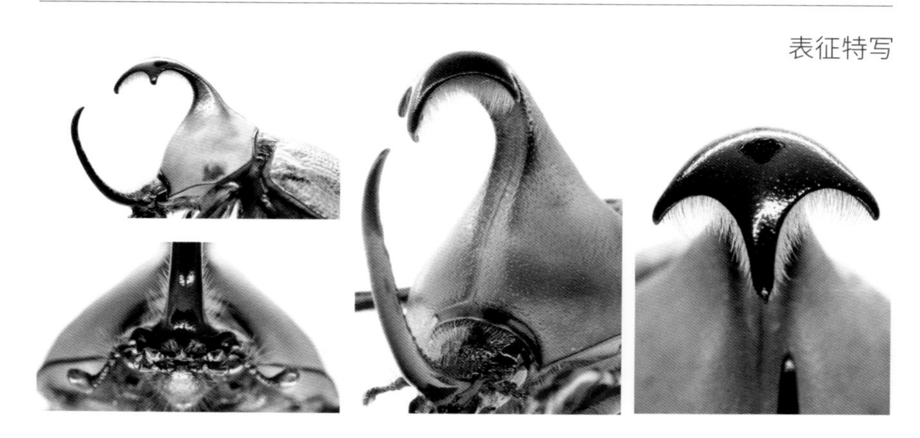

依吉斯竖角兜

Golofa eacus
Burmeister, 1847

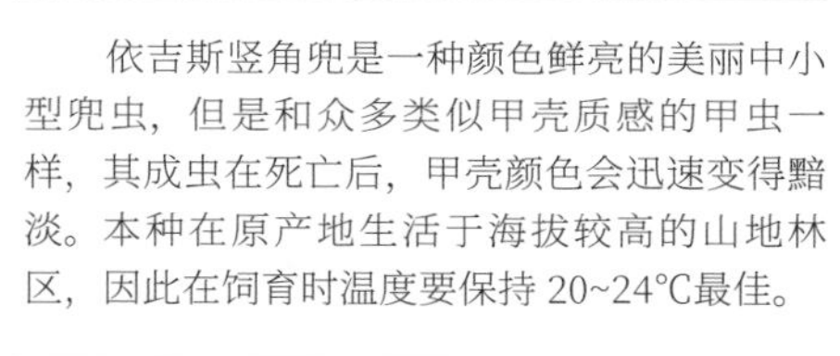

依吉斯竖角兜是一种颜色鲜亮的美丽中小型兜虫，但是和众多类似甲壳质感的甲虫一样，其成虫在死亡后，甲壳颜色会迅速变得黯淡。本种在原产地生活于海拔较高的山地林区，因此在饲育时温度要保持 20~24℃最佳。

分布概况	哥伦比亚、厄瓜多尔、秘鲁等地
雄虫体长	30~70 mm
幼虫期	12~24个月
成虫寿命	2~3个月

活体照 ▼

表征特写

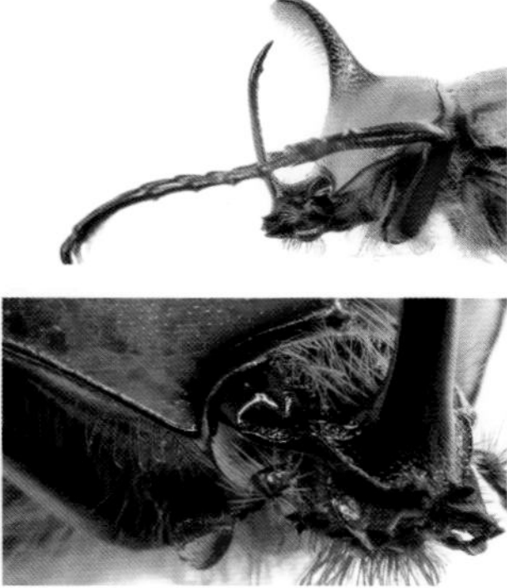

蒙瘤犀金龟

Trichogomphus mongol
Arrow, 1908

蒙瘤犀金龟是一种主要分布于我国的中小型兜虫，小小的身姿顶着夸张的头角和怪异的胸角，成为部分甲虫爱好者追捧的物种。本种虽然在野外比较常见，但是其人工繁育技术没有太大进展。

分布概况	中国（浙江、安徽、湖南、广东、贵州、广西、重庆）
雄虫体长	30~55 mm
幼虫期	不详
成虫寿命	10~12个月

活体照 ▼

表征特写

辛普森小兜

Trichogomphus simson
Snellen Van Vollenhoven, 1864

辛普森小兜是一种外形类似国内蒙瘤犀金龟的中型兜虫，但普遍体型更大。雄性成虫头、胸部有着粗壮的角，与之形成鲜明对比的是其孱弱的跗节。由于饲育方法始终没有被完全破解，因此也被虫友称为“心酸小兜”。

分布概况	马来西亚（西马）、印度尼西亚（苏门答腊）
雄虫体长	35~55 mm
幼虫期	不详
成虫寿命	不详

活体照 ▼

表征特写

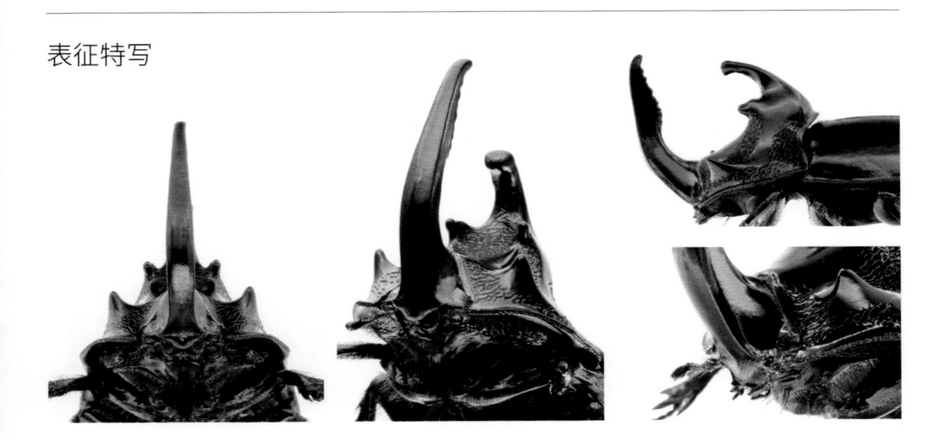

魔龙兜

Trichogomphus lunicollis alcides
Vollenhoven, 1864

魔龙兜是一种产自印度尼西亚加里曼丹的中型兜虫。雄性成虫有着非常夸张的头角与胸角，甚至包括它们的雌性成虫头部也顶着一支犄角，魔龙兜是一种非常漂亮有趣的甲虫。到目前为止，本种的繁育依然是个难题。

分布概况	印度尼西亚（加里曼丹）
雄虫体长	40~70 mm
幼虫期	不详
成虫寿命	不详

活体照 ▼

表征特写

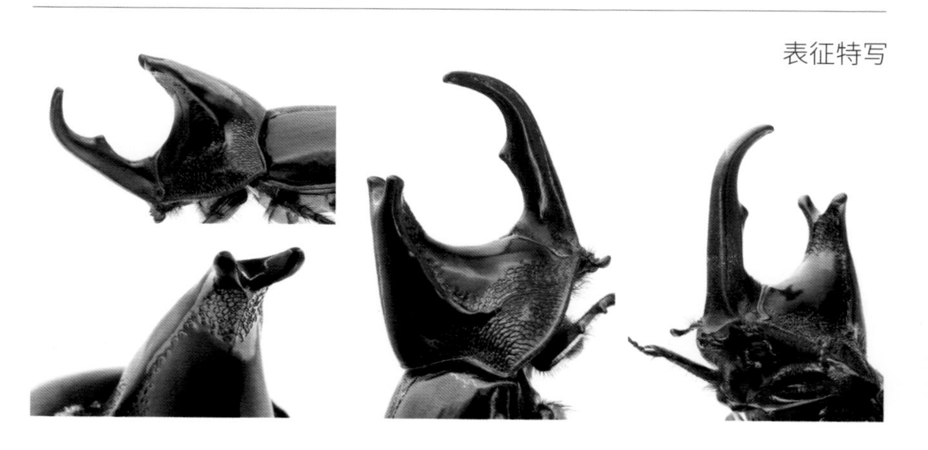

四星角雏兜

Brachysiderus quadrimaculatus
Waterhouse, 1881

四星角雏兜是一种十分小巧美丽的小型兜虫。因其鞘翅左右两边各有两个黑斑而得名。本种成虫在死亡后体色会迅速变得黯淡，虽然经过标本保色处理后此种情况会有所改善，但也很难保持活着时候的色彩。

分布概况	巴西、秘鲁等地
雄虫体长	27~45 mm
幼虫期	5~6个月
成虫寿命	2~3个月

活体照 ▼

表征特写

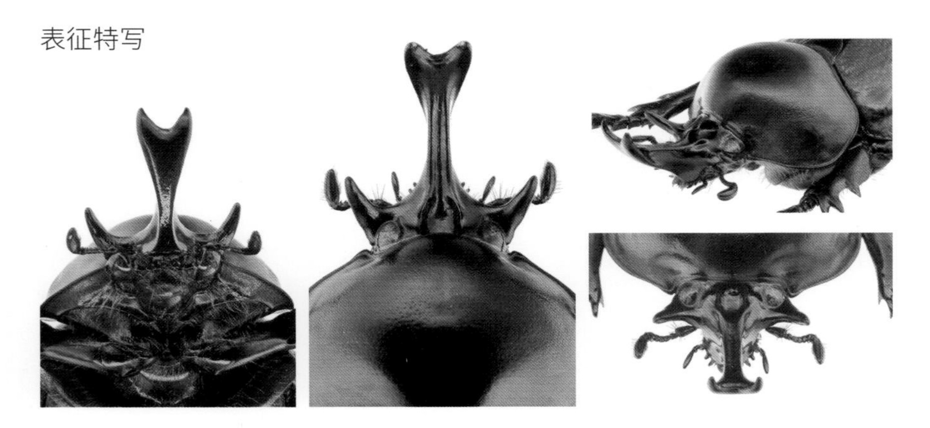

格兰迪斯灰毛角兜

Spodistes grandis
Sternberg, 1903

格兰迪斯灰毛角兜是一种小型兜虫，由于流通较少，因此，不管是标本还是活体价格都较高，据说此甲虫极易繁殖，在以水苔为垫材的介质中即可产卵，然而幼虫的饲育却非常困难，不过日本的虫友已经可以成功繁育了。

分布概况	厄瓜多尔、哥伦比亚
雄虫体长	32~54 mm
幼虫期	8~12个月
成虫寿命	4~6个月

活体照 ▼

表征特写

三角龙兜

Strategus aloeus julianus
Ratcliffe 1976

三角龙兜有许多亚种，分布在美国西南部至中美洲各国。三角龙兜非常特别的一个特点就是雄性成虫的三个角皆生长在胸部，而头部则没有长角，因此胸部向前伸出疑似头角的部分是无法活动的。

分布概况	美国、玻利维亚、哥伦比亚、哥斯达黎加、厄瓜多尔、萨尔瓦多、危地马拉、洪都拉斯等地
雄虫体长	31~62 mm
幼虫期	10~12个月
成虫寿命	4~6个月

活体照 ▼

表征特写

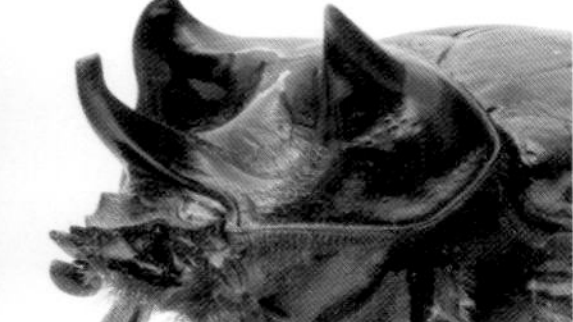

潘神大兜

Enema pan
(Fabricius, 1775)

潘神大兜也被称为“潘恩大兜”，其名源于希腊神话中掌管林木、田地与羊群的神——潘“pan”。本种雄虫的胸角有两种形态，其中一种如本页中所示的顶端尖锐的胸角形态，还有一种是顶端分叉的形态。

分布概况	巴西北部、墨西哥、阿根廷
雄虫体长	35~97 mm
幼虫期	10~12个月
成虫寿命	4~8个月

活体照 ▼

表征特写

温伯力板角兜

Heterogomphus whymperi
Bates, 1891

温伯力板角兜的雄性成虫胸角呈粗壮的板状形态，内侧布满金黄色鳞毛，与前面所介绍的撒旦大兜相似，因此有时本种也被称为“伪撒旦大兜”。本种的繁育及饲养方法目前没有太多相关信息。

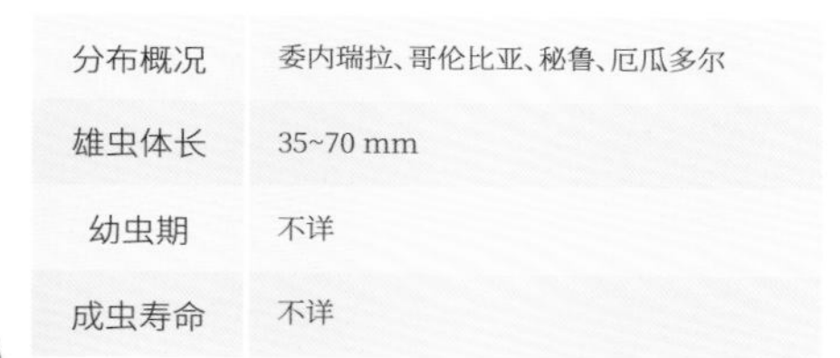

分布概况	委内瑞拉、哥伦比亚、秘鲁、厄瓜多尔
雄虫体长	35~70 mm
幼虫期	不详
成虫寿命	不详

活体照 ▼

表征特写

玛格丽特小兜

Agaocephala margaridae
Alvarenga, 1958

玛格丽特小兜是一种产自巴西的小型兜虫，雄性成虫有着如同弹弓一般分叉的头角，前胸背板散发着迷幻的金属光泽，同时其顶部中央也伸出一支尖锐的胸角。本种幼虫期不长，是近年来热门的饲育物种之一。

分布概况	巴西
雄虫体长	26~51 mm
幼虫期	6~8个月
成虫寿命	3~6个月

活体照 ▼

表征特写

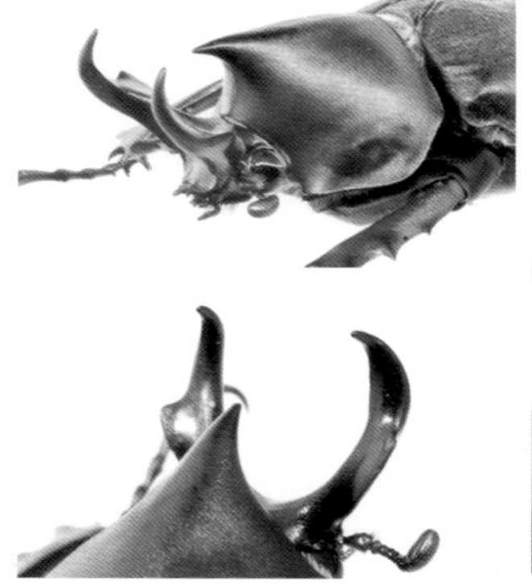

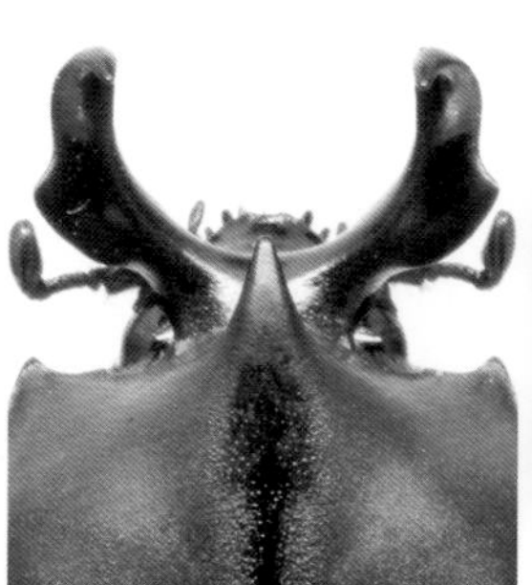

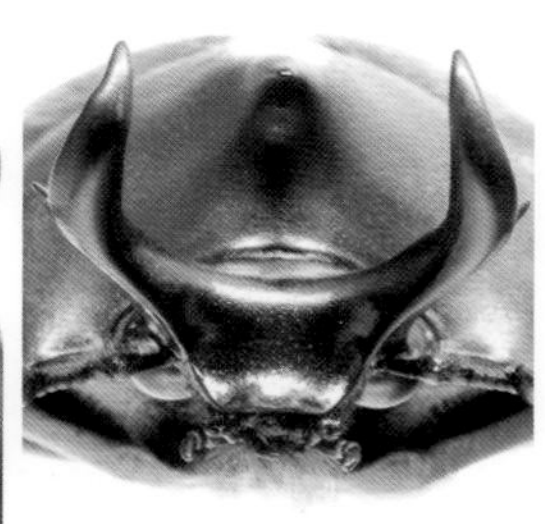

神马大兜

Augosoma centaurus
(Fabricius, 1775)

神马大兜之名来源于其拉丁名“centaurus”，意为“希腊神话中一种半人半马的生物”。本种是非洲大陆体型最大的兜虫亚科物种，通体暗红色，光泽度极高，虽然它们在其原产地的数量非常多，但在人工饲育条件下的产卵量却不高。

分布概况	喀麦隆、加蓬、赤道几内亚、刚果等地
雄虫体长	40~94 mm
幼虫期	12~18个月
成虫寿命	2~3个月

活体照 ▼

表征特写

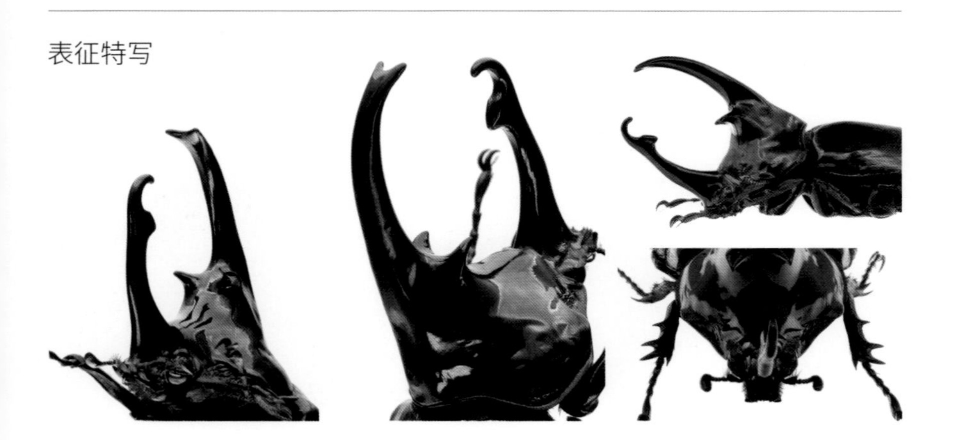

锹

锹在此书中指的是锹甲科（Lucanidae）甲虫的简称，为鞘翅目金龟子总科（Scarabaeoidea）的其中一个科。之所以使用“锹”这一古怪的词来为这一科的甲虫取名，主要有两个来源。其一源自日本，人们观察到这一科的雄虫成虫头部通常有着一对引人瞩目的大颚，而这样一对大颚又形似日本武士头盔上名为“锹形”的突出性装饰物。而日文的“锹”一词则来源于古汉语中的一种农具“臿”，即一种长柄形前端分叉的翻地工具。

▲ 形似锹形虫大颚的日本武士头盔装饰

▲ 大禹治水的画像砖中手持臿的夏禹形象

其二则是来源于中国台湾的昆虫爱好者们，其意为锹甲鞘翅部分类似铁锹的形状。在英语中锹甲被称为“stag beetle”，直译过来就是“雄鹿甲虫”，用以形容锹甲雄虫如同鹿角般的大颚，也十分贴切。综合以上的来源和考虑到叫法的顺口性，本书中采用了中国学者的称呼“锹甲”来统一称呼本科的甲虫。

▲ 大颚形似鹿角的雄性黄金鹿角锹甲

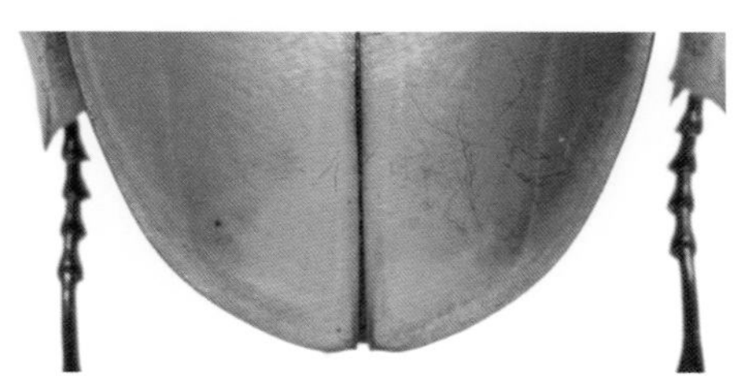

▲ 莫索里黄金鬼锹甲鞘翅末端，可见与铁锹十分相似

与前面介绍的兜虫一样，锹甲也是典型的雌雄二型昆虫，但是也有极个别的种类从成虫的外观上几乎是无法区分性别的，如矮锹甲属（*Figulus*）和斑锹甲属（*Echinoaesalus*）的大多数种类。

绝大多数锹甲的雄性成虫与雌性成虫的外观和体型存在着巨大差异。在外观上，雌雄个体最显著的差别即是锹甲的象征——大颚。虽然雌性也有大颚的结构，但与雄虫那夸张的大颚相比却显得无比细小甚至可以忽略不计，由于大多数种类的锹甲雌性成虫需要将卵产在林地间倒伏的朽木之中，所以雌性成虫细小尖锐的大颚就成为了啃咬朽木的利器。

▲ 体型微小的日本矮锹甲，雌、雄成虫的外观几乎一模一样

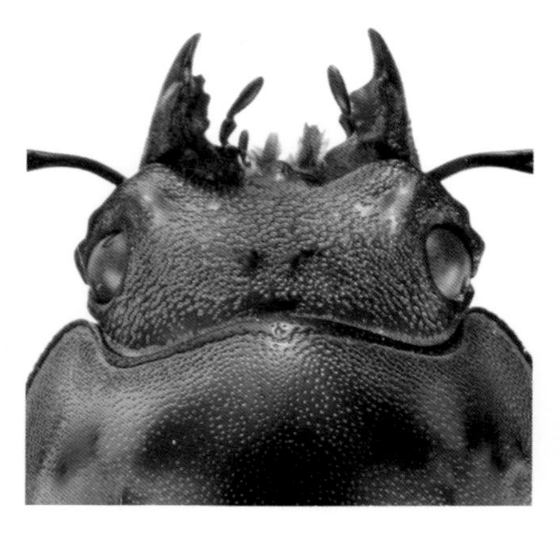

▲ 罗森博基黄金鬼锹甲与阿拉盖瑞细身赤锹甲雌性成虫尖利且细小的大颚

锹甲雄性成虫张扬的大颚不仅是争斗的武器，也是分辨种类的重要特征，不同属锹甲的大颚也往往带有本属特有的风格。

▲ 从左至右依次为：侧纹锯锹甲、红边鬼艳锹甲、东北鬼锹甲、帝王细身赤锹甲、幸运深山锹甲的雄性成虫大颚特写

与我们人类有高矮胖瘦之分一样，锹甲在幼虫期摄取营养的状况也直接体现在羽化后成虫体型上的差异。特别是雄性成虫，不同体型会造成大颚形态的不同，一些鬼艳锹甲属雄性成虫间会因体型不同而造成大颚的巨大差异，甚至会让人误认为它们是完全不同的种类。所以单单凭大颚形态来区分锹甲的种类是不严谨的。

▲ 体型差异造成红边鬼艳锹甲雄性成虫长出不同形态的大颚

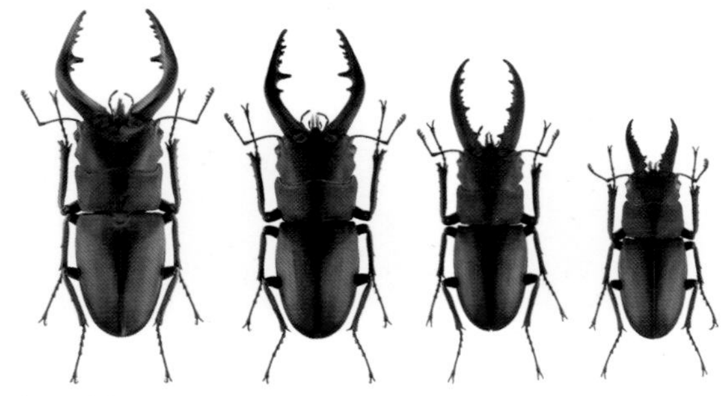

▲ 日本锯锹甲雄性成虫因体型差异而造成的大颚差别则不是很大

如果说锹甲雄性成虫间的体型差异让人觉得惊讶的话，那么许多同种锹甲雌雄间的体型差异则让人大跌眼镜，如果单独观察它们，很难想象会是同一物种。巨大的体型差异也意味着雄虫往往需要经过更长的幼虫期才能羽化为成虫，所以在人工饲育的条件下，同一批产出的幼虫有时会出现雌虫已经羽化并开始进食，而雄虫仍是幼虫的尴尬状况。

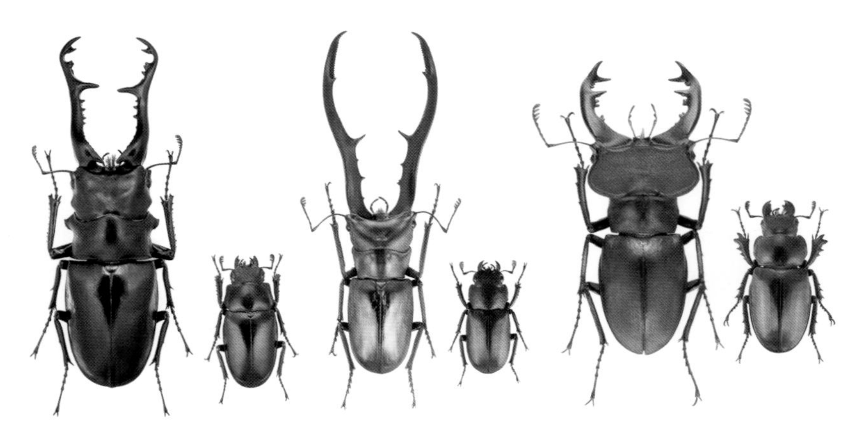

从左至右依次为：长颈鹿锯锹甲、美他利佛细身赤锹甲、武夷深山锹甲的雄性成虫与雌性成虫体型对比

锹甲的幼虫同样是典型的“蛴螬型幼虫”。大多数锹甲的幼虫可以和兜虫的幼虫一样使用发酵木屑来饲育，但是有一些种类的锹甲幼虫则必须食用布满白腐菌类菌丝的木质才能比较好地生长发育，比如大黑艳锹甲和黄金鬼锹甲。而一些大锹甲属（*Dorcus*）的锹甲幼虫虽然也可以食用发酵木屑，但想要饲育出大个体成虫还需要白腐菌活菌的帮助。在人工饲育中，一般选用秀珍菇、云芝菌等白腐菌来制作菌丝瓶作为特定幼虫的食材。

左边图为目前甲虫饲育中常用到的菌瓶，右边图为在啃食朽木的锹甲幼虫

与成虫雌雄间大相径庭的外观相比，甲虫的幼虫则不易从外观上来区分，对于锹甲幼虫来说，有两个比较好的办法来判断其性别。许多种类的雌性幼虫在发育到 2 龄以后，在其身体后端背部两侧皮下能够看到两块黄色斑块，这两块黄色斑块经常会被误认为是雌虫的“卵黄”，其实不然，这两块所谓的“卵黄”普遍认为是甲虫排泄和渗透调节的主要器官——马氏管。也有观点认为是尚未发育完全的生殖腺体，通过有无“卵黄”可以很快判断幼虫的性别。此外，对于处在同一生长发育阶段的幼虫，我们也可以通过其头壳的大小来粗略判断幼虫的性别，通常，头壳较宽大的是雄虫，头壳较小的则是雌虫。

▲ 弯角大锹甲的幼虫，左侧为雄虫、右侧为雌虫，可以看见其身体倒数第三节皮下的黄斑

▲ 同一发育阶段的弯角大锹甲的幼虫，左侧为雄虫，右侧为雌虫，可见他们头壳的大小差异

和兜虫一样，锹甲的幼虫也需要经过三次蜕皮，才能化蛹进而羽化为成虫。幼虫刚化蛹的时候全身晶莹剔透，如同玻璃艺术品一般，十分惊艳。

▲ 刚刚化蛹身体几乎透明的印尼金锹甲雌虫

▲ 即将化蛹的彩虹锹甲幼虫，表皮开始变得皱缩

经过一段时间之后，蛹的外皮逐渐发黄，变得不透明，并且在其表皮上会出现一层蜡质物质，仿佛周身披上了一层白霜。这层蜡质物质不仅疏水透气，而且还可以抵御寄生虫、微生物入侵表皮，是脆弱虫蛹的一把保护伞。

▲ 身披“白霜”的雄性巨叉深山锹甲的蛹

▲ 即将羽化的雄性西南扁锹甲的蛹

通过锹甲雄虫蛹的形态可以看出，其尾部的生殖器阳茎都是裸露在外的，只有在羽化时才会收回腹内。对雄性锹甲阳茎形态的鉴别是区分种、亚种的重要指标，许多外部形态上极其相似的种类，在雄虫阳茎的形态却存在明显差异。

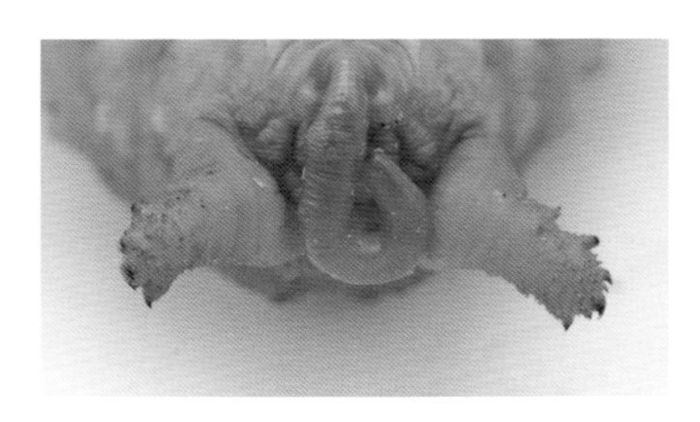

▲ 蛹的阳茎呈秤钩状的西南扁锹甲

▲ 蛹的阳茎呈螺旋塔状的彩虹锹甲

▲ 雄性丫纹锯锹甲蛹的阳茎

▲ 雄性中国大锹甲蛹的阳茎

另外，许多种类雄虫蛹的头部都是翻折向腹部的，这就意味着在羽化的过程中，它们需要将头部抬起到正常位置，这也是为什么这类锹甲雄虫的蛹室会比其蛹的实际尺寸要长很多。经过艰难的羽化过程和数周乃至数月的蛰伏期后，一只威武的铁甲勇士就可以钻出禁锢自己的朽木或蛹室，傲视这个世界啦！

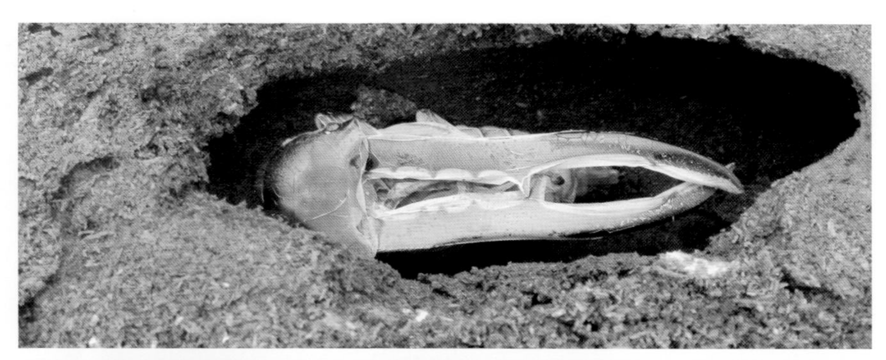

▲ 美他利佛细身赤锹甲雄虫的羽化过程

中国扁锹甲

Serrognathus titanus platymelus
(Saunders, 1854)

中国扁锹甲是国内最常见的锹甲之一。雄性成虫体长可达到 90 mm，属于大型锹甲。本种在野外数量比较大，对生存环境要求相对较低，再加上成虫寿命较长，饲育简单，使其成为十分适合新手饲育的入门品种。

※ 扁锹属（*Serrognathus*）曾经是大锹甲属（*Dorcus*）的一个亚属，但是现在根据分子测试，扁锹甲属应该具有独立的地位。所以本书中我们将它作为有效的独立属对待。

分布概况	中国（华南、华中、华东及华北部分地区）
雄虫体长	27~90 mm
幼虫期	8~12个月
成虫寿命	12~18个月

活体照 ▼

表征特写

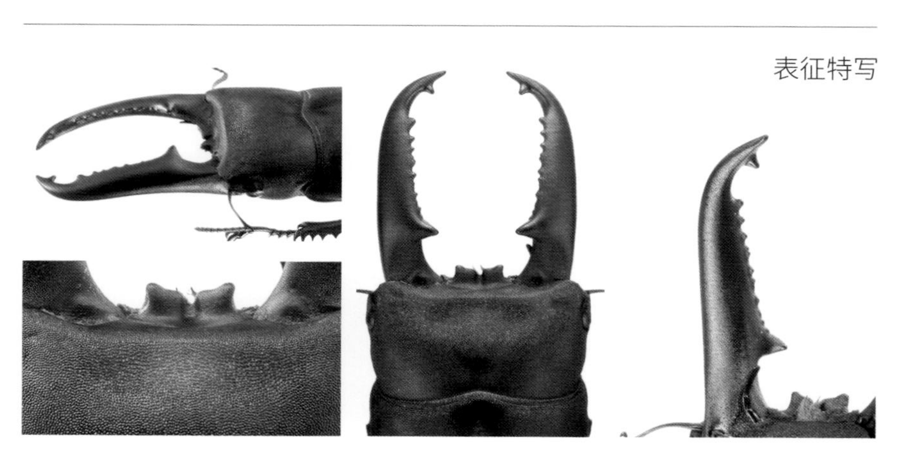

西南扁锹甲

Serrognathus titanus typhoniformis
（Nagel, 1924）

西南扁锹甲也被称为“中国扁锹甲云贵亚种”，主要分布在中国西南地区。平均体长略小于中国扁锹甲。与中国扁锹甲相比，本种最大的特点在于其雄性成虫大颚主内齿接近于大颚中部或前部且内齿数量较少。

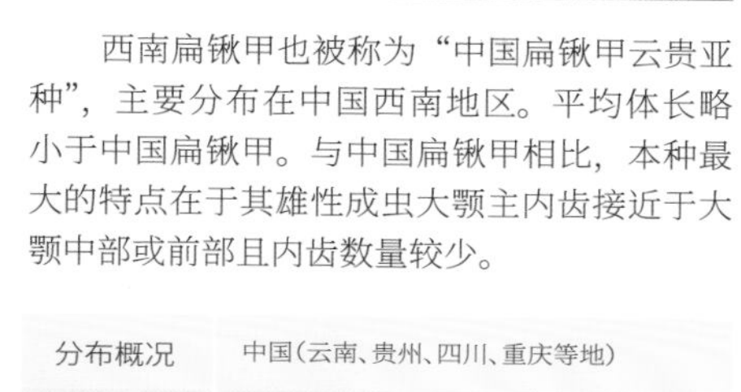

分布概况	中国（云南、贵州、四川、重庆等地）
雄虫体长	35~84 mm
幼虫期	8~12个月
成虫寿命	10~18个月

活体照▼

表征特写

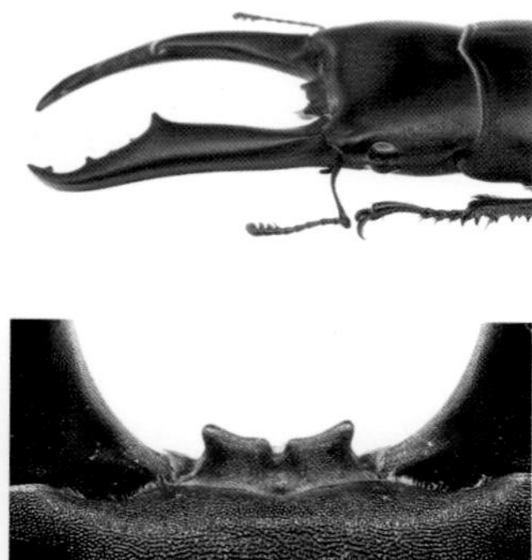

巴拉望巨扁锹甲

Serrognathus titanus palawanicus
(Lacroix, 1984)

巴拉望巨扁锹甲是扁锹甲属中体型最大的种类，体格雄浑宽厚，性情暴躁好斗，大型雄虫体长可达 100 mm 以上，蔚为壮观！本种的繁育并不困难，在温度合适的条件下，即使使用发酵木屑饲育幼虫也可以羽化出 90 mm 以上的大个体雄性成虫。

分布概况	菲律宾（巴拉望岛）
雄虫体长	53~115 mm
幼虫期	8~14个月
成虫寿命	12~24个月

活体照▼

表征特写

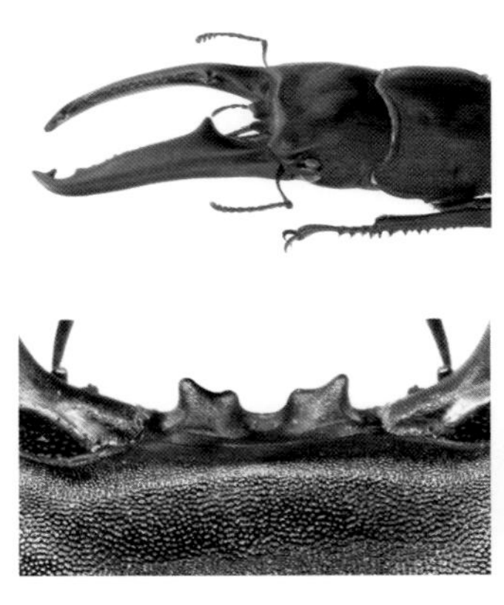

苏门答腊巨扁锹甲

Serrognathus titanus titanus
(Boisduval, 1835)

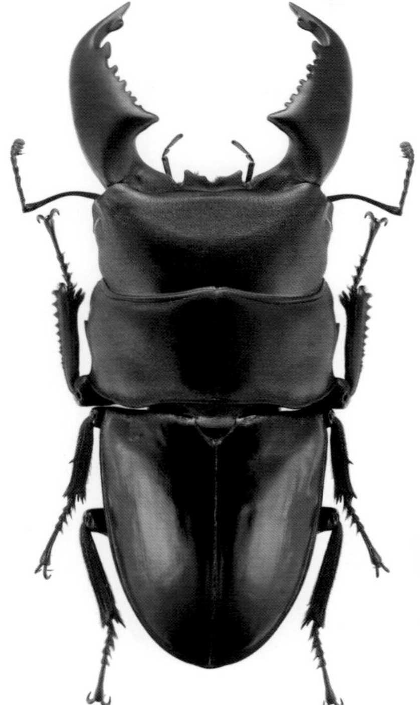

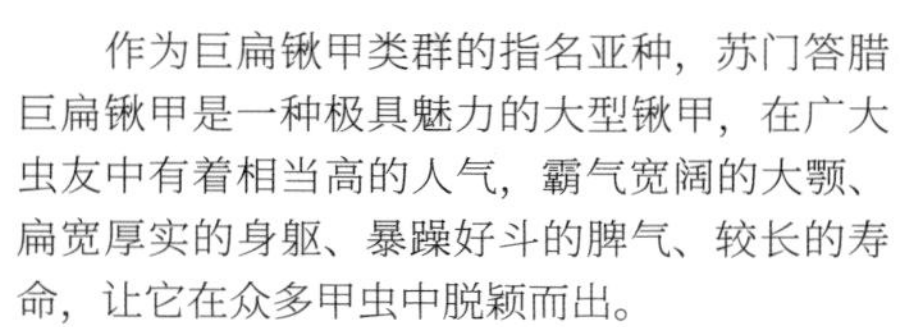

作为巨扁锹甲类群的指名亚种，苏门答腊巨扁锹甲是一种极具魅力的大型锹甲，在广大虫友中有着相当高的人气，霸气宽阔的大颚、扁宽厚实的身躯、暴躁好斗的脾气、较长的寿命，让它在众多甲虫中脱颖而出。

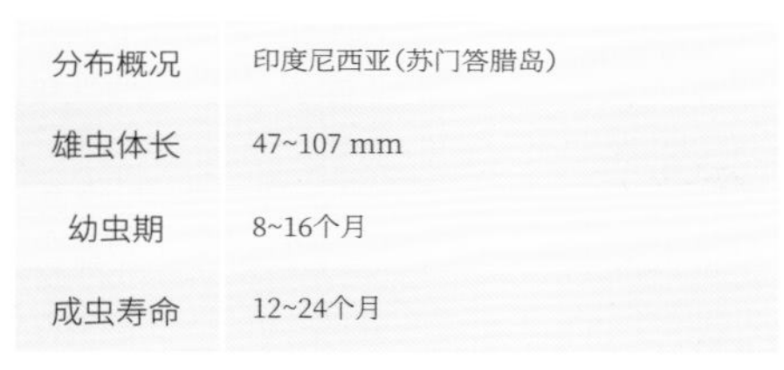

分布概况	印度尼西亚（苏门答腊岛）
雄虫体长	47~107 mm
幼虫期	8~16个月
成虫寿命	12~24个月

活体照▼

表征特写

苏拉威西巨扁锹甲

Serrognathus titanus typhon
(Boisduval, 1835)

苏拉威西巨扁锹甲也被称为“提丰扁锹甲”，来源于其拉丁文名“typhon”，即希腊神话中地母盖亚之子、万妖之祖“提丰”。本亚种雄虫的体型巨大，威武的大颚如同被拉长的苏门答腊巨扁锹甲的大颚，极具威慑力。

分布概况	印度尼西亚（苏拉威西岛）
雄虫体长	23~103 mm
幼虫期	8~12个月
成虫寿命	12~24个月

活体照▼

表征特写

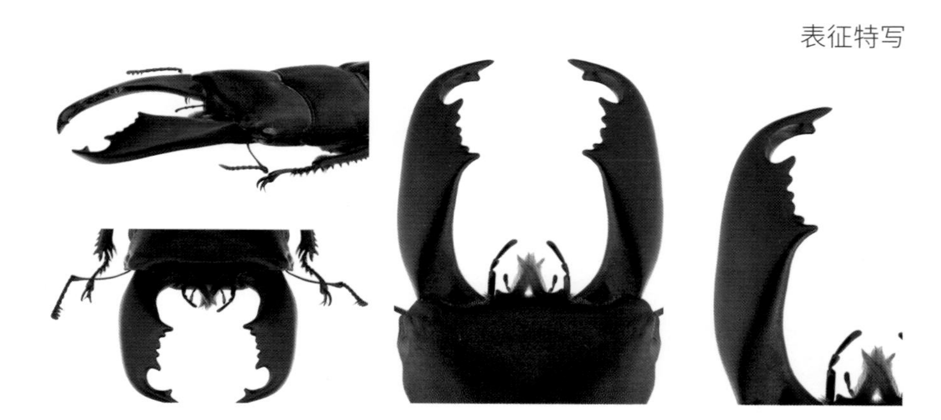

新月扁锹甲

Serrognathus intermedius
(Gestro, 1881)

新月扁锹甲也被音译为“英特梅迪扁锹甲”，雄性成虫大颚的弧度明显呈月牙状。其上有三个较大的齿突，最大者位于下方 1/4 处，另两者则位于上方 1/3 处及近前端处。其鞘翅光亮，身体各部的刻点也浅而不明显。

分布概况	印度尼西亚、所罗门群岛、巴布亚新几内亚
雄虫体长	30~60 mm
幼虫期	8~10个月
成虫寿命	12~18个月

活体照▼

表征特写

深山扁锹甲

Serrognathus kyanrauensis
(Miwa, 1934)

深山扁锹甲是我国台湾地区的特有物种，体型普遍比中国扁锹甲小，雄性成虫大颚有1~2 个齿突，且没有锯齿状的小齿突。本种发生季在 5~8 月，具有趋光性，并且趋光的雄性成虫通常比在腐果和树洞中发现的体型更大。

分布概况	中国（台湾）
雄虫体长	18~56 mm
幼虫期	8~14个月
成虫寿命	6~24个月

活体照 ▼

表征特写

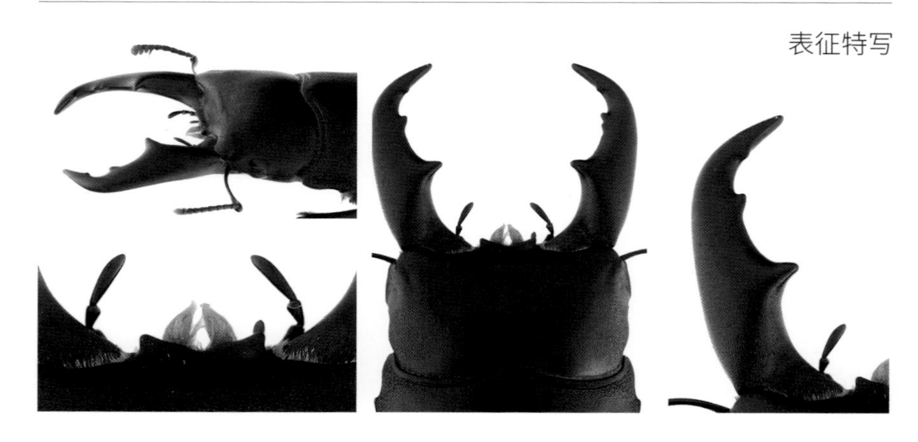

金牛扁锹甲

Serrognathus taurus cribriceps
(Chevrolat, 1841)

金牛扁锹甲最大的外部特征在于大颚内缘明显的丛生金色鳞毛，以及全身砂磨质感，充满细小刻点。金牛扁锹甲有多个亚种，本页所示为金牛扁锹甲菲律宾亚种，本种不只在大颚内缘有鳞毛，在其腿部胫节、跗节也丛生鳞毛。

分布概况	菲律宾（吕宋岛、甘米银岛）
雄虫体长	16~64 mm
幼虫期	8~12个月
成虫寿命	12~18个月

活体照▼

表征特写

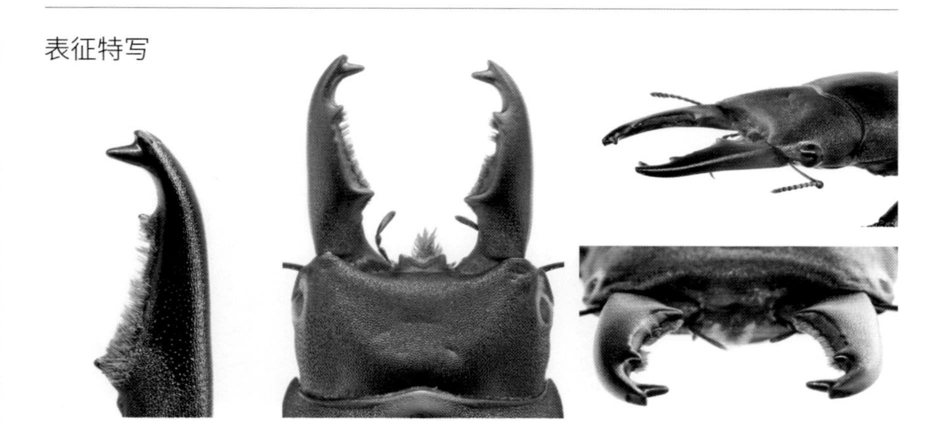

苏门答腊宽扁锹甲

Serrognathus alcides
(Vollenhoven, 1865)

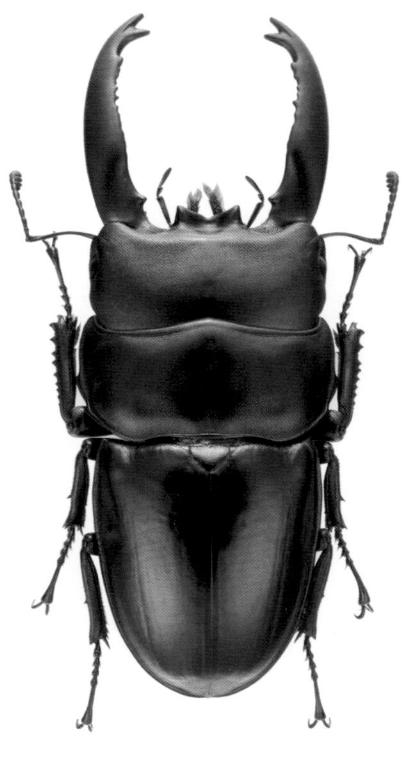

苏门答腊宽扁锹甲体型宽大结实，近缘种类还有婆罗洲宽扁锹甲和爪哇宽扁锹甲，这三种最大的差别就在于其雄虫的大颚形态。虽然可以使用发酵木屑作为幼虫食材，但是想要饲育出大个体，还是使用菌瓶的效果更佳。

分布概况	印度尼西亚（苏门答腊岛、爪哇岛）
雄虫体长	47~102 mm
幼虫期	10~14个月
成虫寿命	12~18个月

活体照▼

表征特写

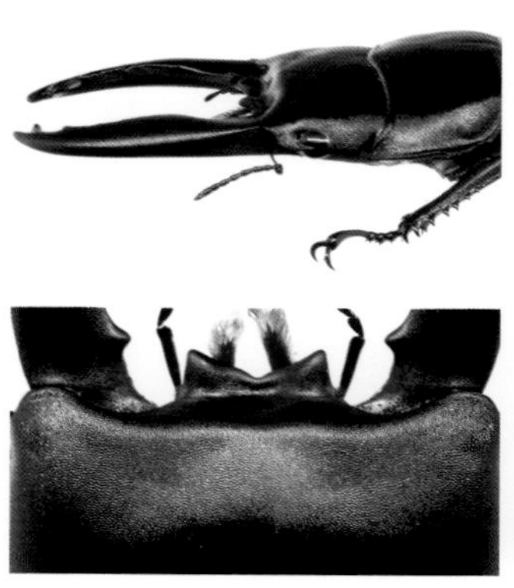

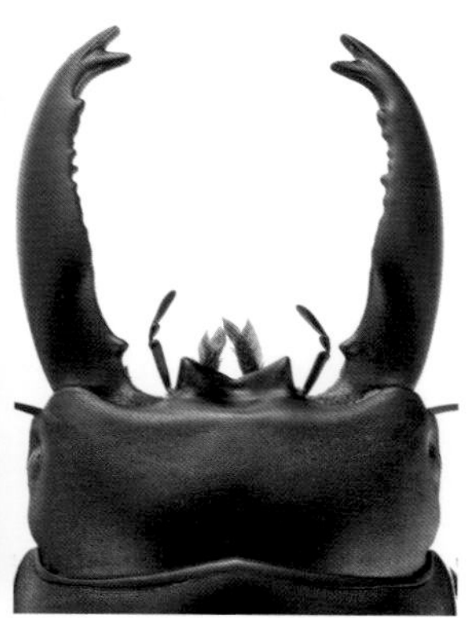

牛头扁锹甲

Serrognathus bucephalus
(Perty, 1831)

牛头扁锹甲是一种体型威武、脾气暴躁的大型锹甲，其雄性成虫大颚明显向下向内弯曲。虽然本种体型巨大，但是有着扁锹属共有的好生好养的特点。不过想要饲育出霸气的大个体还是需要优质食材，比如秀珍菌瓶。

分布概况	印度尼西亚（爪哇岛）
雄虫体长	45~90 mm
幼虫期	8~14个月
成虫寿命	6~20个月

活体照▼

表征特写

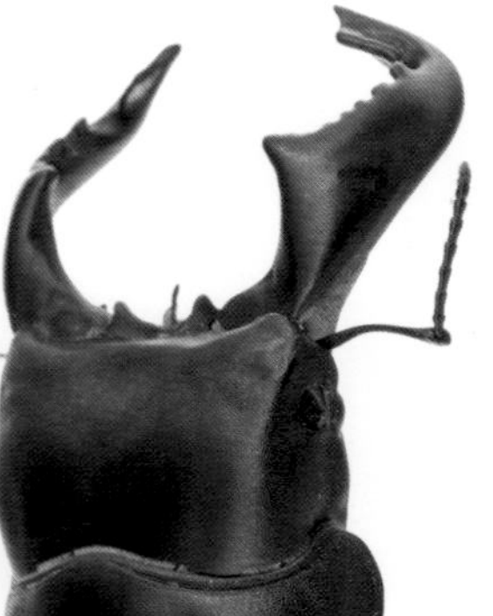

中国大锹甲

Dorcus hopei hopei
Saunnders, 1854

中国大锹甲是国内最为常见的锹甲之一，虽然外貌霸气张扬，却出奇的胆小，受到惊扰时会收起肢体装死。本种寿命较长，可达三年之久，虽然该种好生好养，但是想饲育出75mm以上的大个体还是需要一定的技巧。

分布概况	中国（华南、华中、华东及华北部分地区）
雄虫体长	31~86 mm
幼虫期	8~14个月
成虫寿命	12~36个月

活体照▼

表征特写

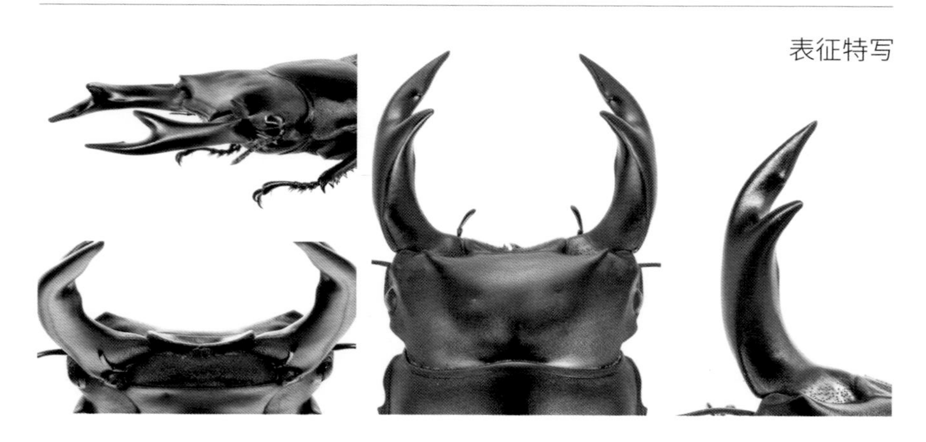

长角大锹甲

Dorcus schenklingi
(Möllenkamp, 1913)

※ 此标本为中国科学院动物研究所收藏

长角大锹甲仅分布于中国台湾地区，也有“黑金刚”“关刀龟”等俗名。极端个体雄虫长达 90 mm，十分壮观！本种易与台湾大锹甲产生混淆，不过其大颚弯曲的程度较小，且头部与前胸背板表面相较之下较为粗糙。

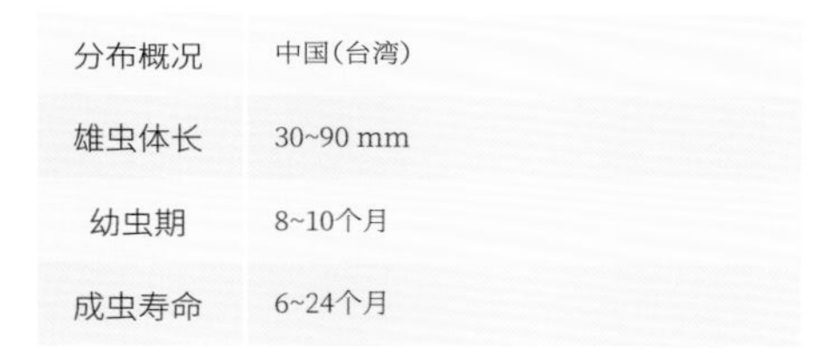

分布概况	中国（台湾）
雄虫体长	30~90 mm
幼虫期	8~10个月
成虫寿命	6~24个月

活体照▼

表征特写

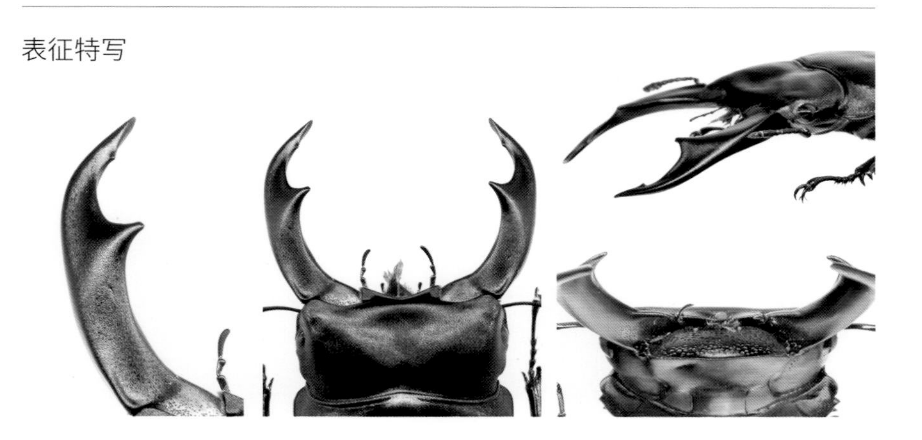

尼泊尔大锹甲

Drocus lineatopunctatus lineatopunctatus
Huang & Chen, 2013

尼泊尔大锹甲的雄性成虫拥有笔直的大颚，身体漆黑光亮。本种比较有趣的特点是其雄性成虫不同个体间有时存在不同的大颚形态，根据主内齿的位置有前齿型、中齿型与后齿型，这一特点也造成了鉴定上的困难。

分布概况	中国（西藏、云南）；尼泊尔、不丹等地
雄虫体长	30~70 mm
幼虫期	8~14个月
成虫寿命	8~12个月

活体照▼

表征特写

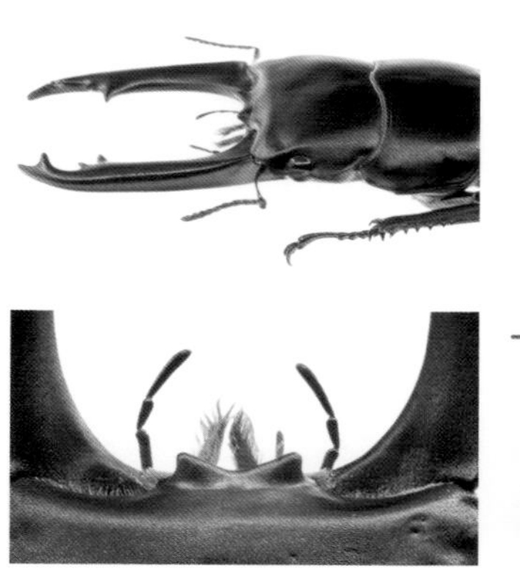

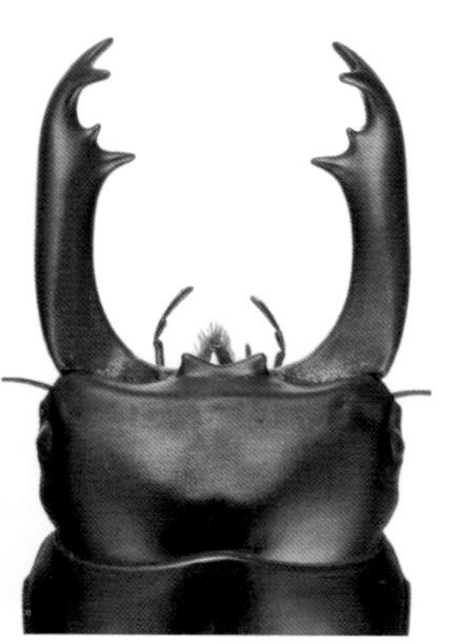

弯角大锹甲

Dorcus curvidens curvidens
Ichikawa, 1986

弯角大锹甲与中国大锹甲十分相似，主要区别在于前者雄虫大颚更为弯曲，主内齿更偏向后方，很少产生中国大锹甲那样所谓的“叠齿型”。而两者的雌虫区分非常简单，即弯角大锹甲雌性成虫的鞘翅要比中国大锹甲雌性成虫拥有更深的条纹。

分布概况	中国（云南、广西、海南、西藏）；泰国、越南等地
雄虫体长	31~80.2 mm
幼虫期	8~14个月
成虫寿命	12~36个月

活体照▼

表征特写

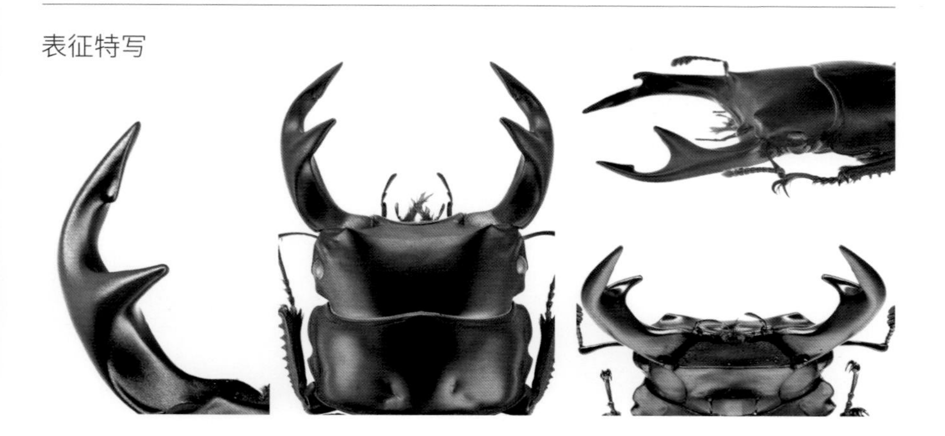

括号大锹甲

Dorcus curvidens babai
Fujita, 2010

括号大锹甲属于弯角大锹甲的一个亚种，也被称为“越南弯角大锹甲”，又因其雄性成虫大颚张开后的形态如同括号“( )”，故甲虫爱好者们称其为括号大锹甲。本种雄性成虫特征明显，优美的大颚形态十分受爱好者的欢迎。

分布概况	越南
雄虫体长	40~80 mm
幼虫期	8~14个月
成虫寿命	12~36个月

活体照 ▼

表征特写

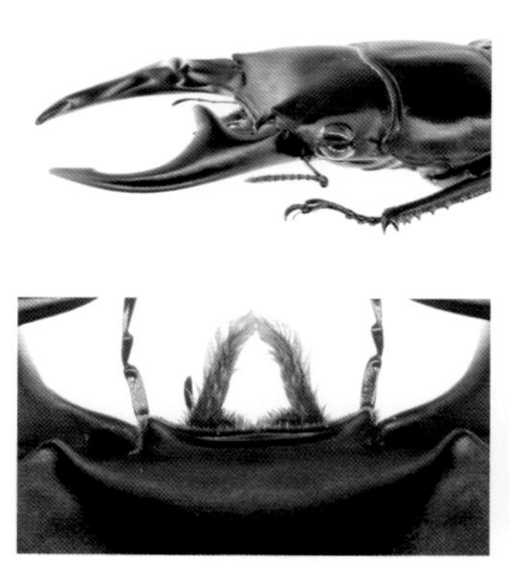

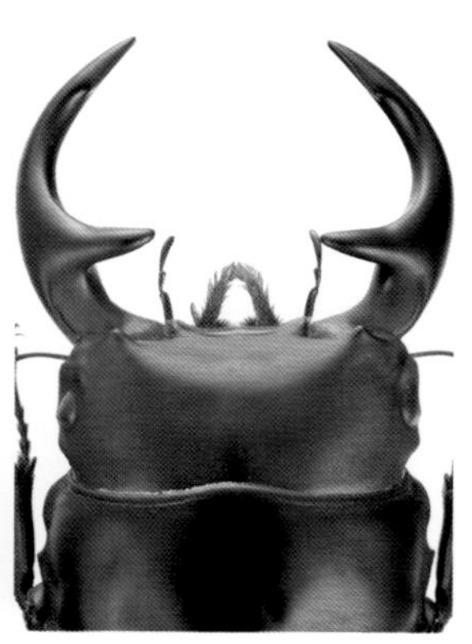

马来条背大锹甲

Dorcus reichei prosti

（Boileau, 1901）

马来条背大锹甲也被称为“瑞奇大锹甲马来亚种”，“瑞奇”是其拉丁名音译。雄性成虫大颚根据体型不同呈现多种形态。此外，雄性成虫的唇基为中间低、两侧高的形态，通过唇基可以和近似种拟瑞奇大锹甲区分。

分布概况	马来西亚（东马）
雄虫体长	30~65 mm
幼虫期	10~12个月
成虫寿命	12~24个月

活体照▼

※ 中齿型的马来条背大锹甲雄虫

表征特写

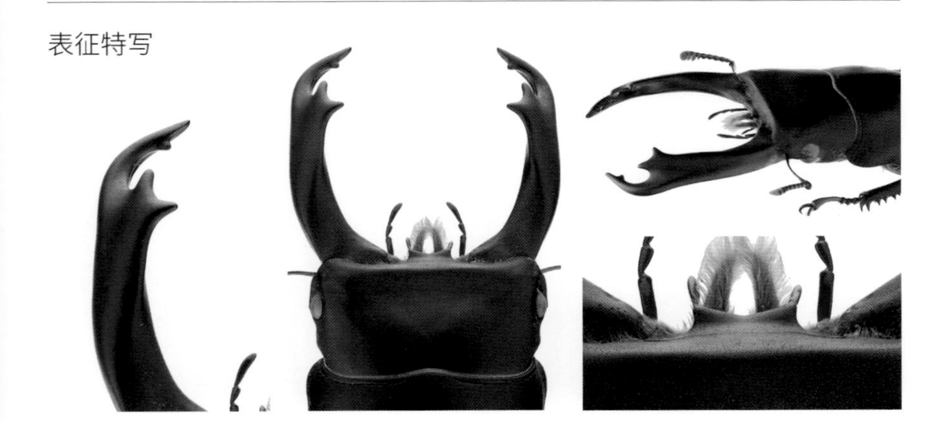

安达佑实大锹甲

Dorcus antaeus
Hope, 1842

安达佑实大锹甲是一种充满魅力的大型锹甲。其名本应指希腊神话中地母盖亚与海神波塞冬之子巨人安泰俄斯，而亚洲文化圈则音译成了日本女星之名。其甲壳光亮、身材宽厚，虽然外表霸气，但生性胆怯，受到惊扰会收起肢体装死。

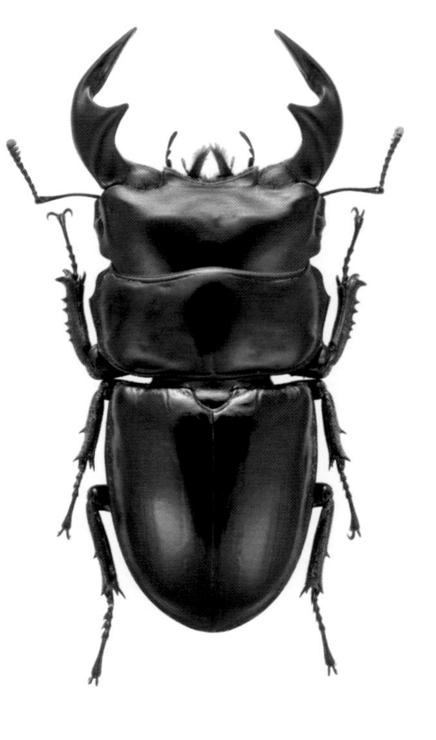

分布概况	中国（广西、海南、云南、西藏）；马来西亚、尼泊尔、泰国、印度、越南等地
雄虫体长	40~96 mm
幼虫期	10~16个月
成虫寿命	12~24个月

活体照▼

表征特写

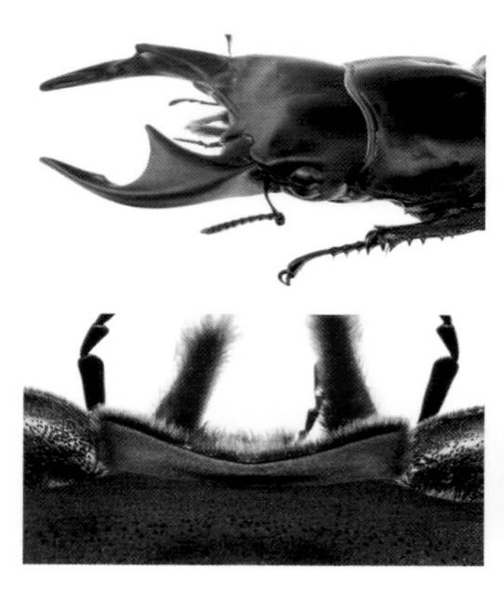

毛角大锹甲

Dorcus hirticornis hirticornis
(Jackowlew,1897)

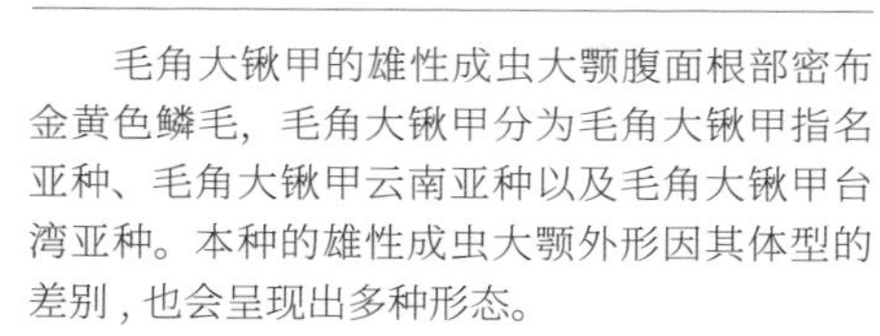

毛角大锹甲的雄性成虫大颚腹面根部密布金黄色鳞毛，毛角大锹甲分为毛角大锹甲指名亚种、毛角大锹甲云南亚种以及毛角大锹甲台湾亚种。本种的雄性成虫大颚外形因其体型的差别，也会呈现出多种形态。

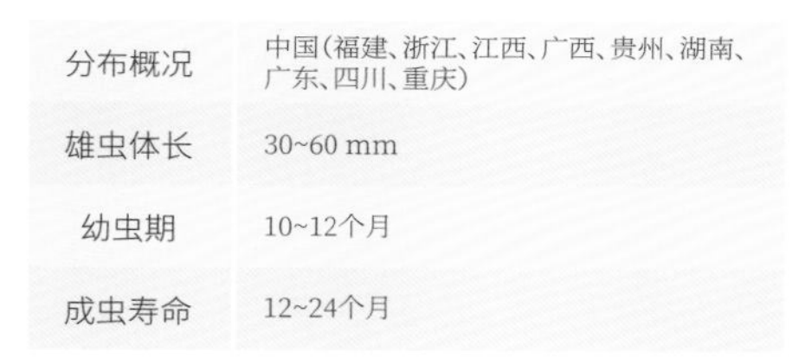

分布概况	中国(福建、浙江、江西、广西、贵州、湖南、广东、四川、重庆)
雄虫体长	30~60 mm
幼虫期	10~12个月
成虫寿命	12~24个月

活体照▼

表征特写

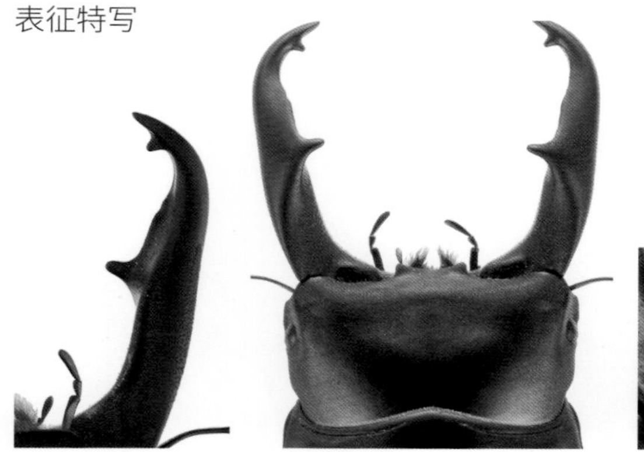

细角大锹甲

Dorcus yaksha
Gravely, 1915

细角大锹甲是一种小型锹甲，其雄性成虫和安达佑实大锹甲小个体极为相似，但前者的体型和大颚都更加小巧秀气。细角大锹甲分为两个亚种：细角大锹甲指名亚种、细角大锹甲东部亚种。虽然其貌不扬，但是该物种的繁育并没有那么简单。

分布概况	中国（浙江、福建、广东、贵州、广西、四川、重庆、西藏、云南）；越南、泰国、缅甸、印度
雄虫体长	20~50 mm
幼虫期	10~14个月
成虫寿命	12~24个月

活体照▼

表征特写

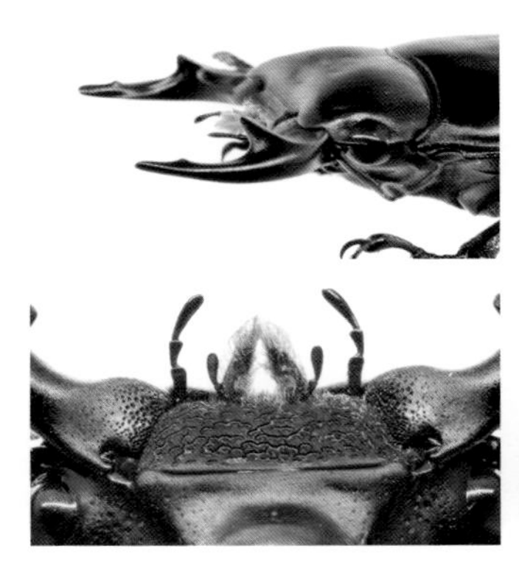

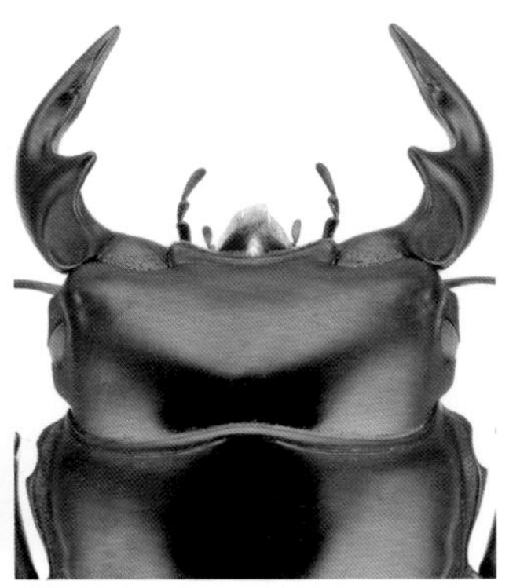

平头大锹甲

Dorcus miwai
Benesh, 1936

平头大锹甲也被称为“三轮大锹甲”，用以纪念日本昆虫学者三轮勇四郎，是我国台湾地区特有的物种，广布在全岛海拔 500 至 2300 米的地区。本种雄性成虫大颚细长，有两个小型内齿，小个体则往往没有前端内齿。

分布概况	中国(台湾)
雄虫体长	22~71 mm
幼虫期	8~10个月
成虫寿命	6~12个月

活体照▼

表征特写

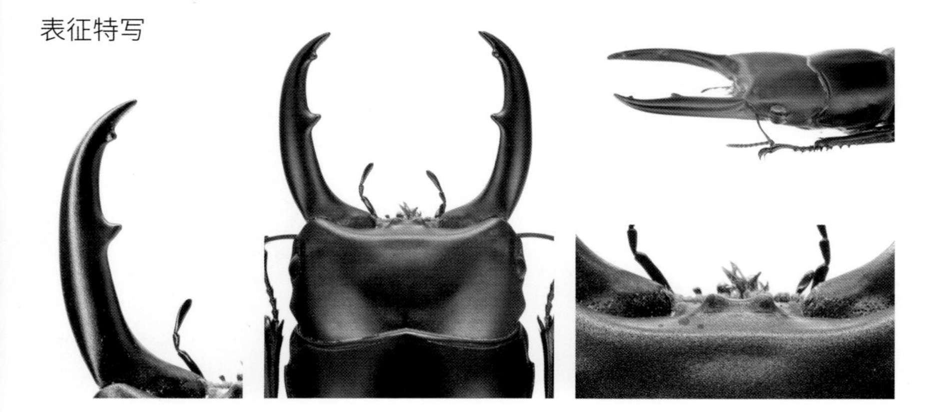

单齿刀锹甲

Dorcus rectus rectus
(Motschulsky, 1857)

单齿刀锹甲因产地不同也被称为“东北小锹甲”“日本小锹甲”。本种大个体雄性成虫大颚内侧仅有一枚内齿，内侧光滑且外缘部分较为垂直，小个体则和双齿刀锹甲小个体较为相似，在不解剖的情况下仅能通过产地区分。

分布概况	中国(辽宁)；日本、朝鲜半岛等地
雄虫体长	22~54 mm
幼虫期	8~12个月
成虫寿命	12~24个月

活体照▼

表征特写

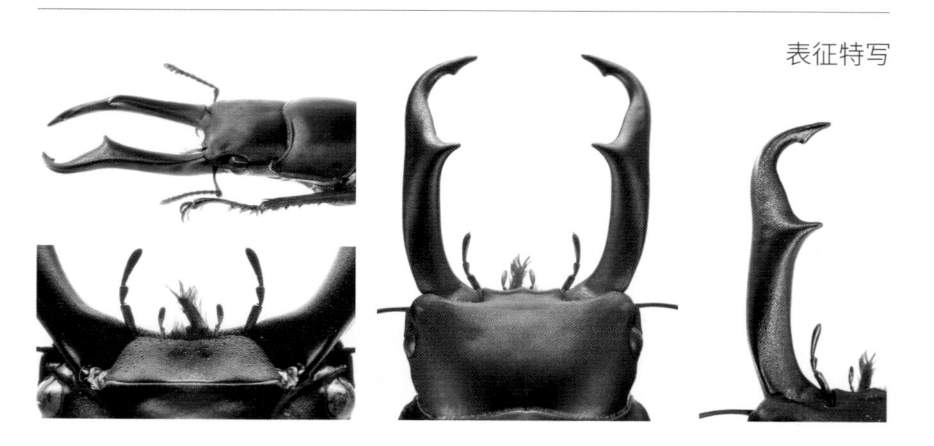

红背刀锹甲

Dorcus arrowi arrowi
Boileau, 1911

红背刀锹甲也被称为“艾氏半刀锹甲”“爱罗刀锹甲”。本种雌雄成虫都有着漂亮的暗红色鞘翅，雄性成虫的大颚虽然比较细，但是前端却十分尖锐，很具杀伤力。本种喜凉怕热，外形美丽耐看且非常容易繁殖。

分布概况	中国（云南）；泰国等地
雄虫体长	30~78 mm
幼虫期	8~12个月
成虫寿命	10~12个月

活体照▼

表征特写

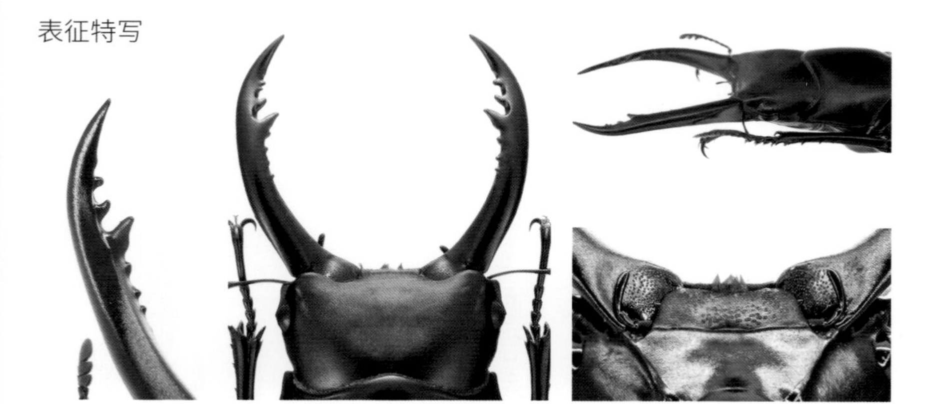

尼泊尔刀锹甲

Dorcus nepalensis
(Hope, 1831)

尼泊尔刀锹甲栖息于高海拔之处，从学名来看，“*nepalensis* ”直接就点明了“尼泊尔刀锹甲 ”的分布以尼泊尔为中心，邻近的国家如不丹、印度等地也都有分布。本种有时候虽被称为“尼泊尔小锹”，但实则是能够突破 80 mm 的大型锹甲。

分布概况	中国(西藏)；印度、不丹、尼泊尔
雄虫体长	45~80 mm
幼虫期	10~12个月
成虫寿命	12~18个月

活体照▼

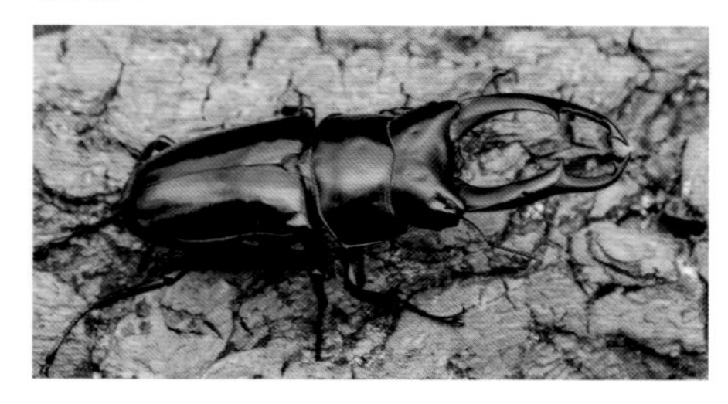

表征特写

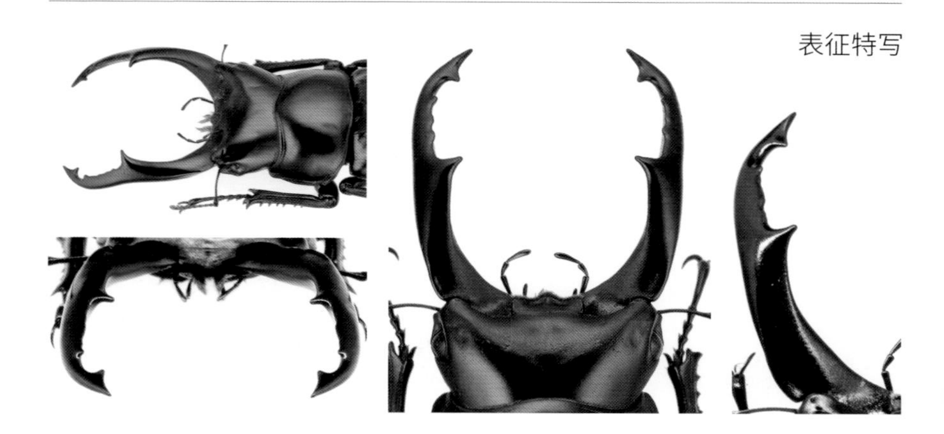

叉齿小刀锹甲

Falcicornis seguyi
(De Lisle, 1955)

叉齿小刀锹甲是一种小型锹形虫，身体呈红棕色至黑色的磨砂质感，中足与后足密布金色鳞毛，虽然体型不大，但是雄性成虫前端大弧度分叉的大颚极具识别度，给这种身材娇小的锹甲带来了别样的魅力。

分布概况	中国（广东、广西、浙江、福建、海南等地）
雄虫体长	16~30 mm
幼虫期	8~10个月
成虫寿命	6~12个月

活体照▼

表征特写

束胸小刀锹甲

Falcicornis bisignatus
(Parry, 1862)

束胸小刀锹甲也被音译为“比希纳小刀锹甲”。本种雄性成虫前胸背板前段收缩，鞘翅末端两侧各有一个褐黄色斑点，腿节腹面也同样有褐黄色斑点。仔细观察其体色会发现并不是纯黑色，而是微微泛出古铜色。

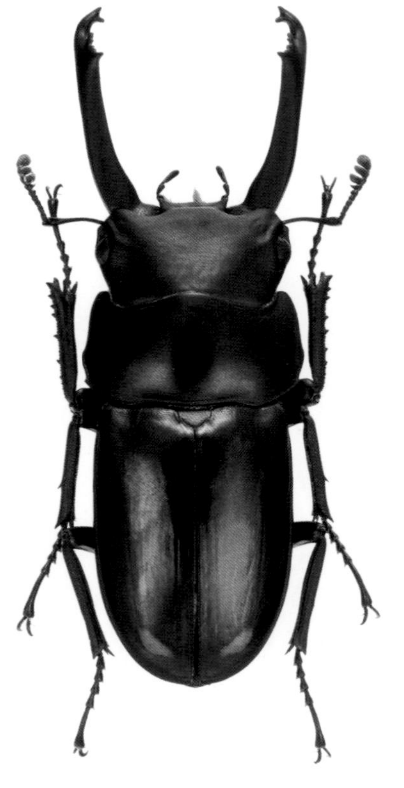

分布概况	中国（西藏、云南等地）
雄虫体长	23~41 mm
幼虫期	8~10个月
成虫寿命	6~12个月

活体照▼

表征特写

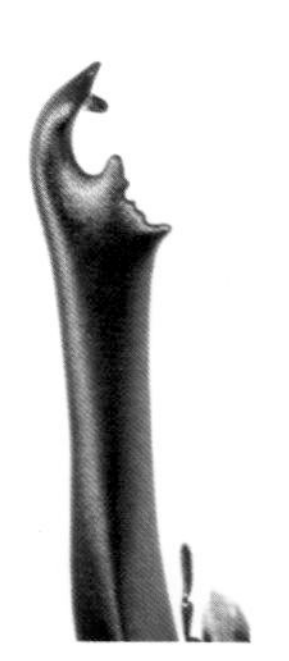

长颈鹿锯锹甲

Prosopocoilus giraffa giraffa
(Olivier, 1789)

长颈鹿锯锹甲是世界上体型最长的锹甲。本种雄性成虫大颚颀长，主内齿靠近前端，大颚前段弯曲呈弧形。长颈鹿锯锹甲分为很多亚种，不同亚种之间可以根据产地、鞘翅的光泽度或者前胸背板侧缘等特征进行区分。

分布概况	中国（云南）；印度、尼泊尔、不丹、老挝、柬埔寨、泰国、马来西亚、印度尼西亚等地
雄虫体长	55~125 mm
幼虫期	8~14个月
成虫寿命	12~18个月

活体照▼

表征特写

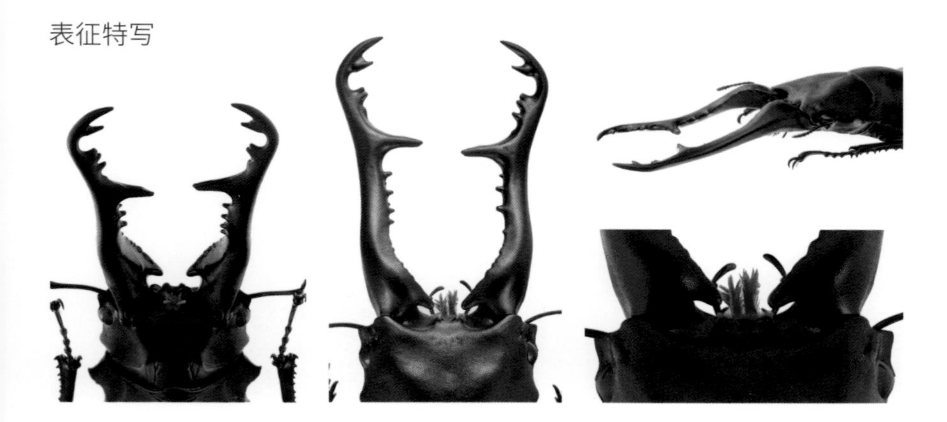

孔夫子锯锹甲

Prosopocoilus confucius
(Hope, 1842)

孔夫子锯锹甲也被称为“儒圣锯锹甲”，在国内发现有长颈鹿锯锹甲分布前，孔夫子锯锹甲一直被认为是国内体型最长的锹甲。本种的繁育与长颈鹿锯锹甲也基本一样，两者甚至可以杂交产生出拥有两者特征的后代。

分布概况	中国(湖北、湖南、江西、浙江、福建、云南、海南、广西、广东、贵州)；越南、缅甸、印度等地
雄虫体长	45~107 mm
幼虫期	8~12个月
成虫寿命	8~12个月

活体照▼

表征特写

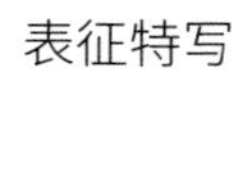

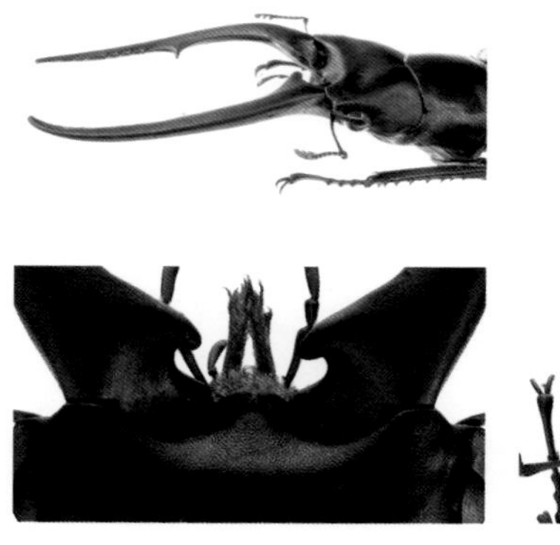

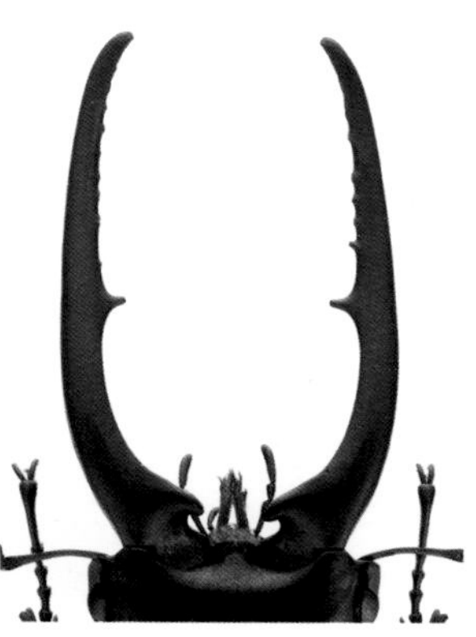

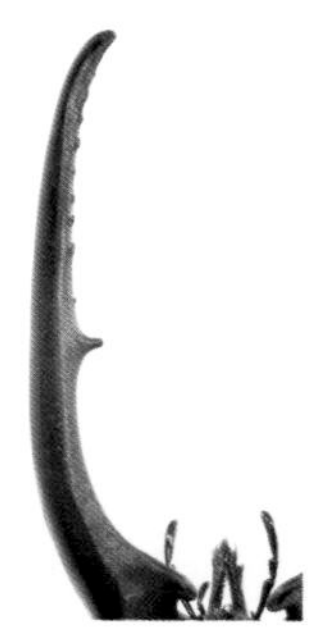

两点锯锹甲

Prosopocoilus astacoides blanchardi
(Parry, 1873)

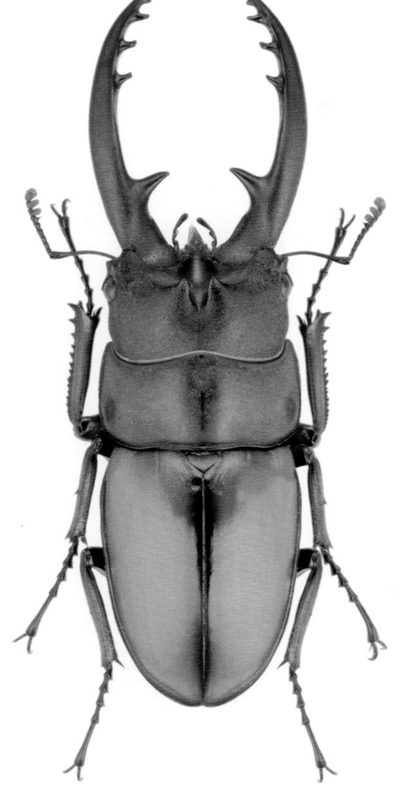

两点锯锹甲因其前胸背板两侧各有一个黑色斑点而得名，广布于中国境内和东南亚多国。图中为两点锯锹甲普通亚种，本亚种体色大多为漂亮的淡黄色，雄性成虫大颚有一对主内齿，不同产地个体的主内齿形态会有些许差异。

分布概况	中国（北京、天津、浙江、湖北、河南、甘肃、四川、重庆、台湾等地）
雄虫体长	27~70 mm
幼虫期	8~10个月
成虫寿命	6~10个月

活体照▼

表征特写

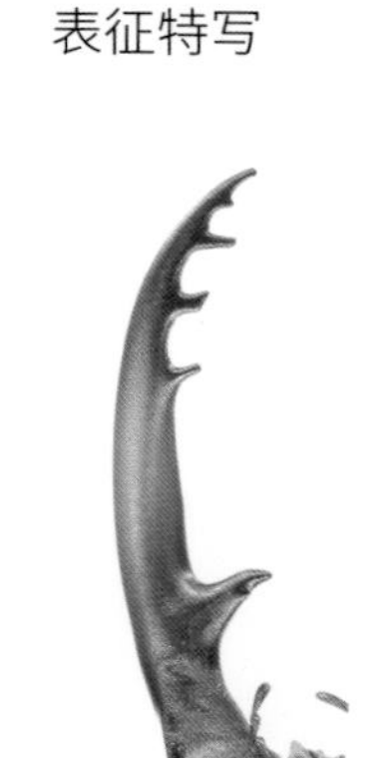

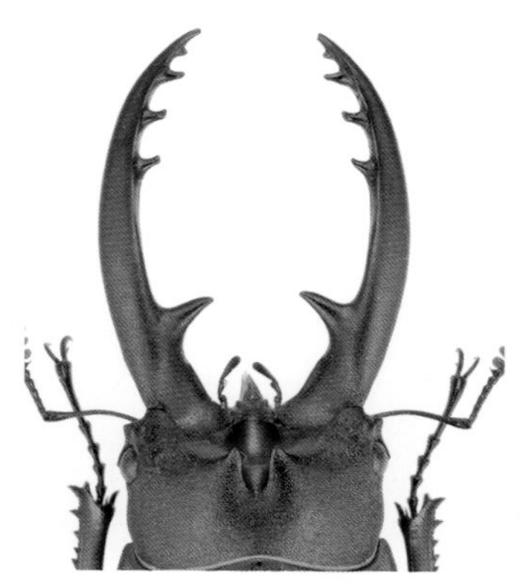

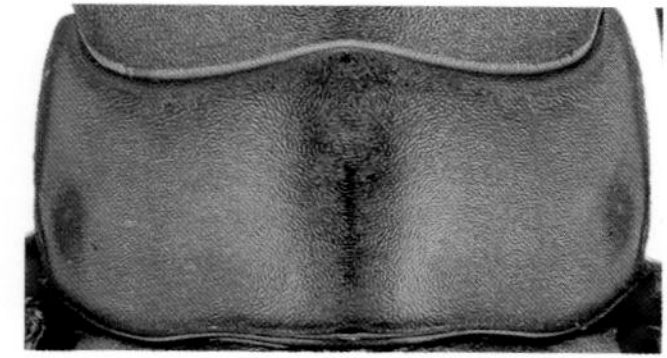

滇南两点锯锹甲

Prosopocoilus astacoides fraternus
(Hope, 1845)

两点锯锹甲是最易饲育的中型锹甲之一。不同亚种的两点锯锹甲之间除了体色各异之外，大颚形态的变化多端也让甲虫爱好者们深深着迷，而滇南亚种则因其犹如红玛瑙一般的质感而引人瞩目。

分布概况	中国（云南、广西）
雄虫体长	30~65 mm
幼虫期	8~10个月
成虫寿命	6~10个月

活体照▼

表征特写

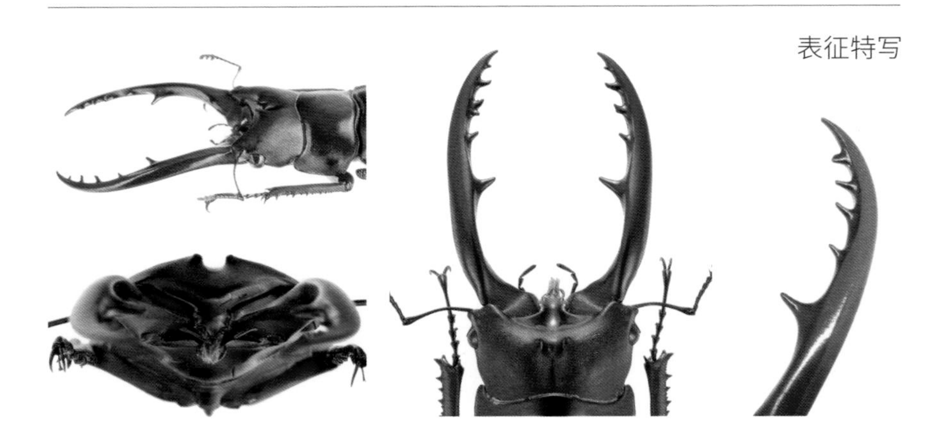

任氏锯锹甲

Prosopocoilus reni
Huang & Chen, 2011

任氏锯锹甲与两点锯锹甲在形态上非常相似，主要区别在于任氏锯锹甲的体色更黑一些，有通体全黑的个体，也有鞘翅呈赭石色个体。本种的雄性成虫大颚形态不如两点锯锹甲变化多，接近于两点锯锹甲普通亚种。

分布概况	中国（海南）
雄虫体长	30~75 mm
幼虫期	8~10个月
成虫寿命	6~10个月

活体照▼

表征特写

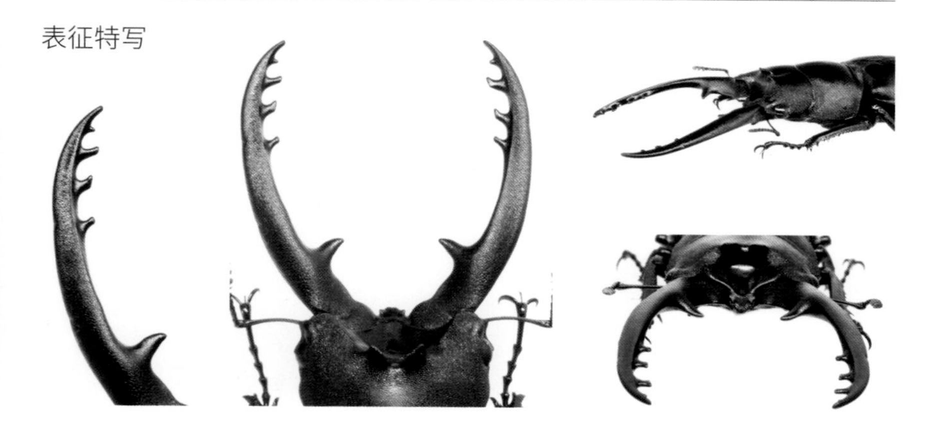

三点锯锹甲

Prosopocoilus occipitalis occipitalis
（Hope & Westwood, 1845）

三点锯锹甲因雄性成虫前胸背板上有三个黑点而得名。其头部隆起的两道额棱突也是本种的一大特点。本种的活体呈现出鲜嫩的淡黄色，但是在死后体色会变得黯淡。三点锯锹甲的饲育方法与两点锯锹甲一样简单。

分布概况	印度尼西亚、马来西亚、菲律宾
雄虫体长	23~55 mm
幼虫期	6~10个月
成虫寿命	6~10个月

活体照▼

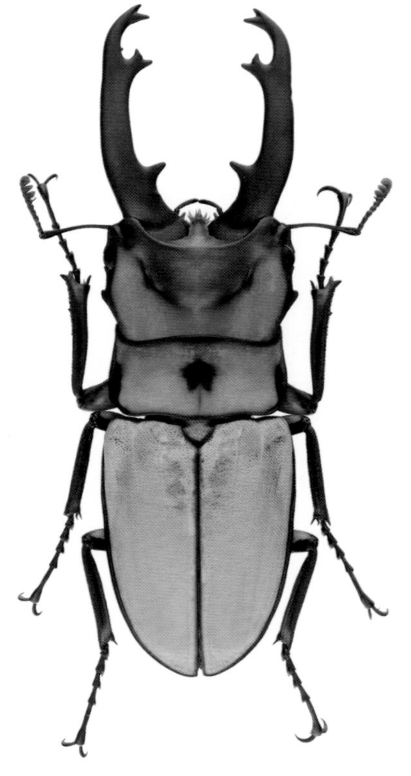

表征特写

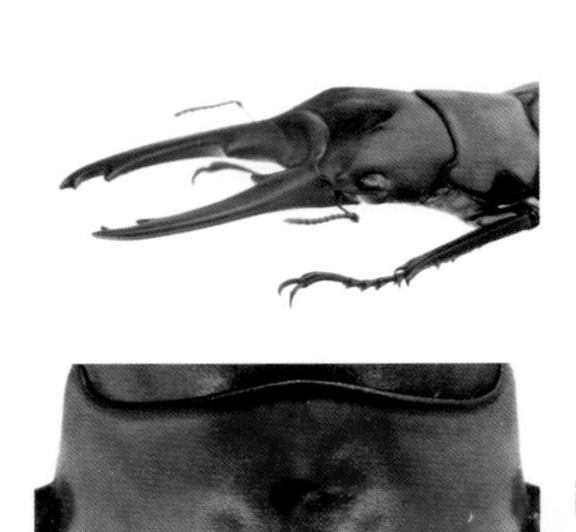

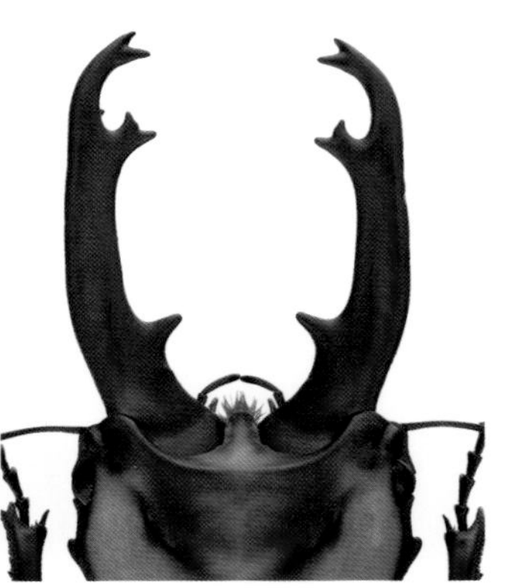

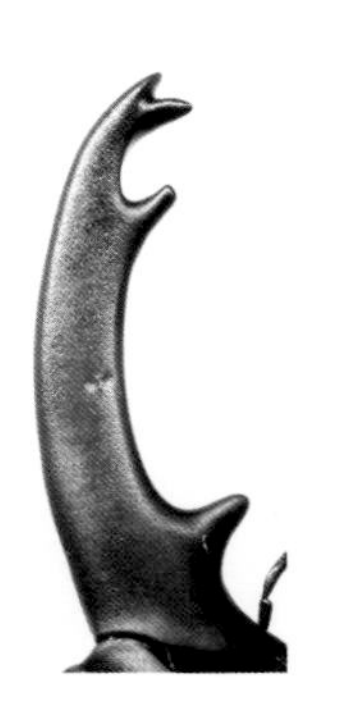

黄纹锯锹甲

Prosopocoilus biplagiatus
(Westwood, 1855)

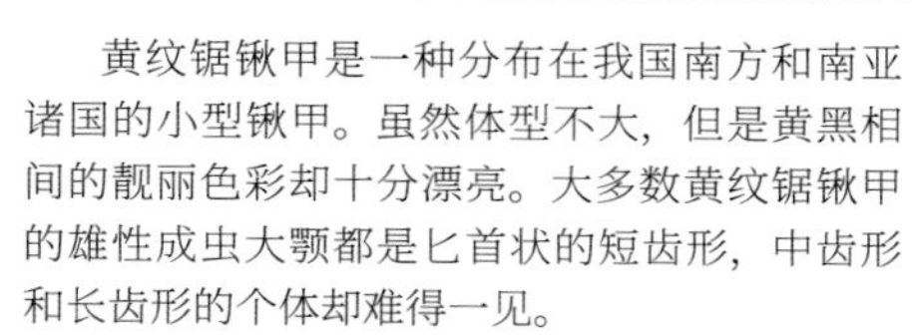

黄纹锯锹甲是一种分布在我国南方和南亚诸国的小型锹甲。虽然体型不大，但是黄黑相间的靓丽色彩却十分漂亮。大多数黄纹锯锹甲的雄性成虫大颚都是匕首状的短齿形，中齿形和长齿形的个体却难得一见。

分布概况	中国（广东、广西、云南、西藏）；泰国、缅甸、老挝、印度、马来西亚等地
雄虫体长	15~48 mm
幼虫期	3~8个月
成虫寿命	4~6个月

活体照▼

表征特写

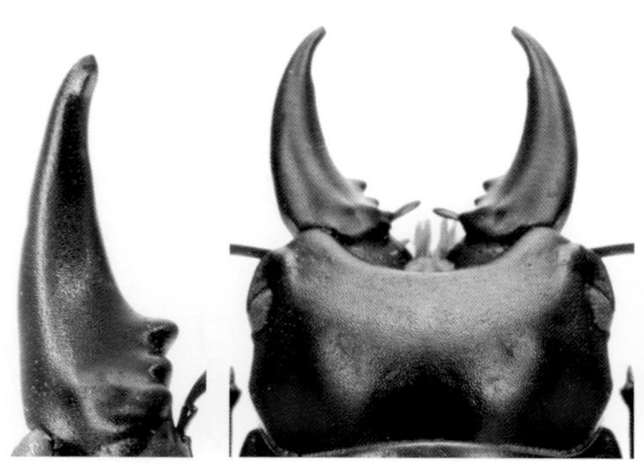

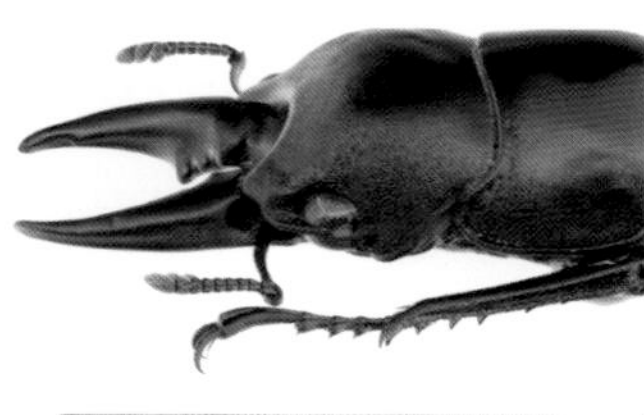

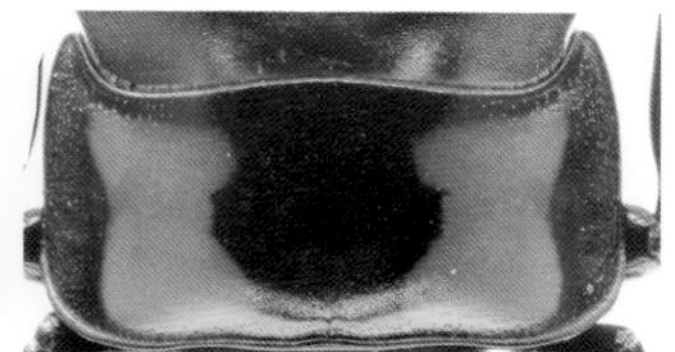

所罗门锯锹甲

Prosopocoilus hasterti moinieri
Lacroix, 1971

所罗门锯锹甲是一种十分受欢迎的大型锹甲，除本页所示的亚种外，还有两个亚种，其中的指名亚种 *Prosopocoilus hasterti hasterti*，也被称为“黑所罗门锯锹甲”，指名亚种全身为黑色，或近鞘翅底部有很细的黄色斑块。

分布概况	所罗门群岛
雄虫体长	40~78 mm
幼虫期	8~12个月
成虫寿命	12~18个月

活体照▼

表征特写

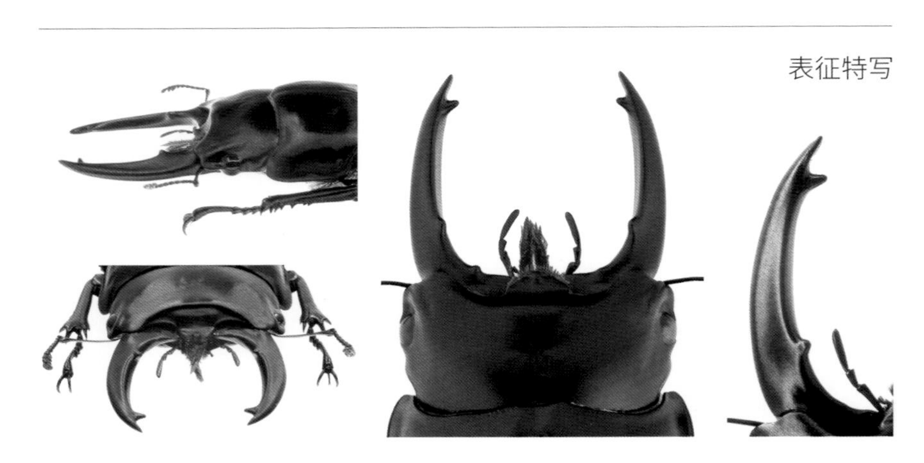

拉法铁锯锹甲

Prosopocoilus lafertei
(Reiche, 1852)

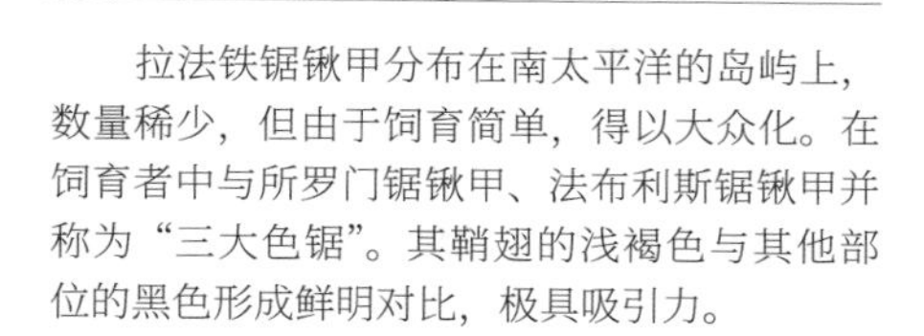

拉法铁锯锹甲分布在南太平洋的岛屿上，数量稀少，但由于饲育简单，得以大众化。在饲育者中与所罗门锯锹甲、法布利斯锯锹甲并称为“三大色锯”。其鞘翅的浅褐色与其他部位的黑色形成鲜明对比，极具吸引力。

分布概况	新喀里多尼亚（努亚蒂群岛）、瓦努阿图等地
雄虫体长	45~83 mm
幼虫期	10~14个月
成虫寿命	12~18个月

活体照▼

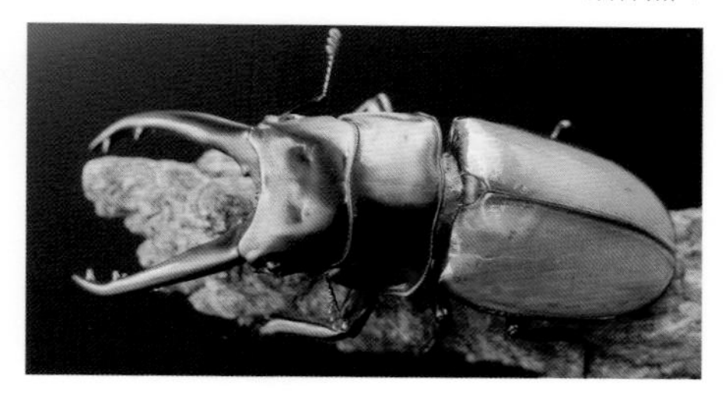

表征特写

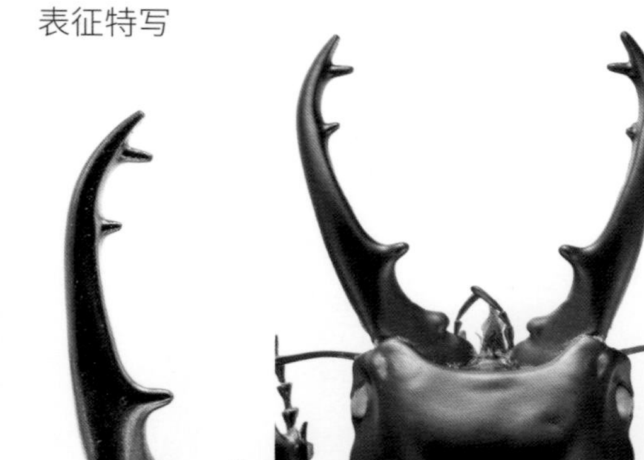

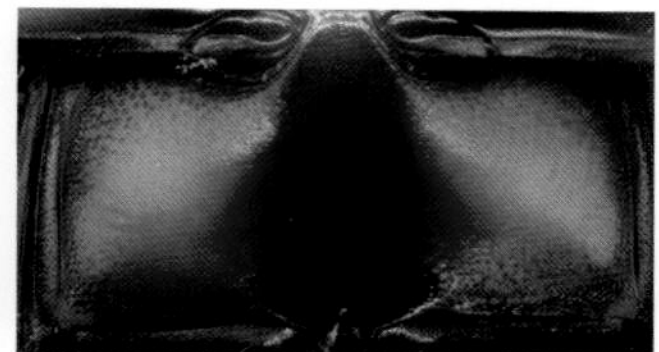

法布利斯锯锹甲

Prosopocoilus fabrucei takakuwai
Lacroix, 1971

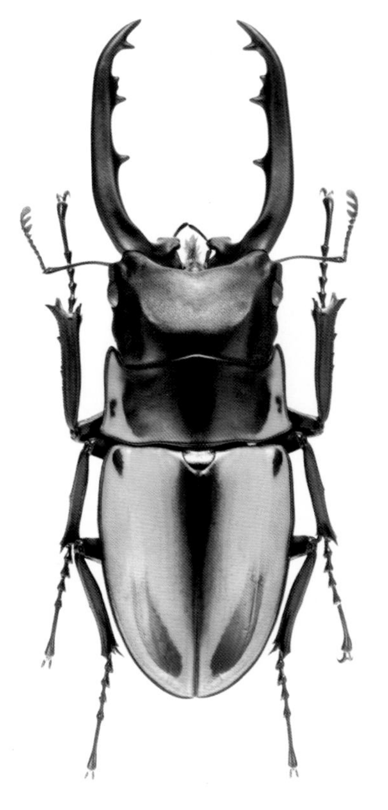

法布利斯锯锹甲是一种非常美丽的大型锹甲，雄性成虫大颚修长，体色鲜艳。法布里斯锯锹甲有多个亚种，分布在印度尼西亚的多个岛屿之上，不同亚种之间的雄性成虫在腹部颜色与大颚形态有所不同。

分布概况	印度尼西亚（塔里亚布岛）
雄虫体长	45~83 mm
幼虫期	10~14个月
成虫寿命	12~18个月

活体照▼

表征特写

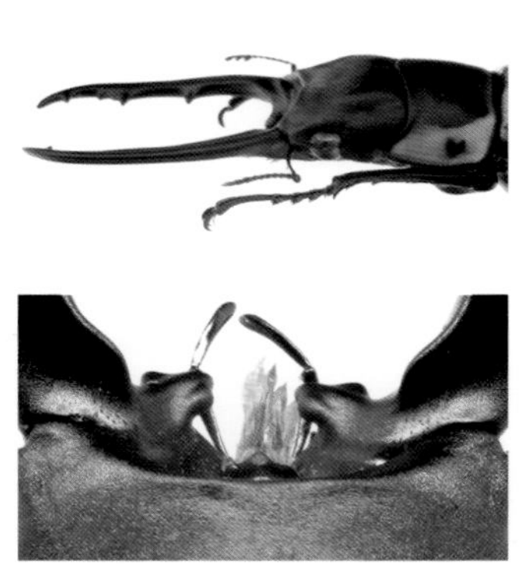

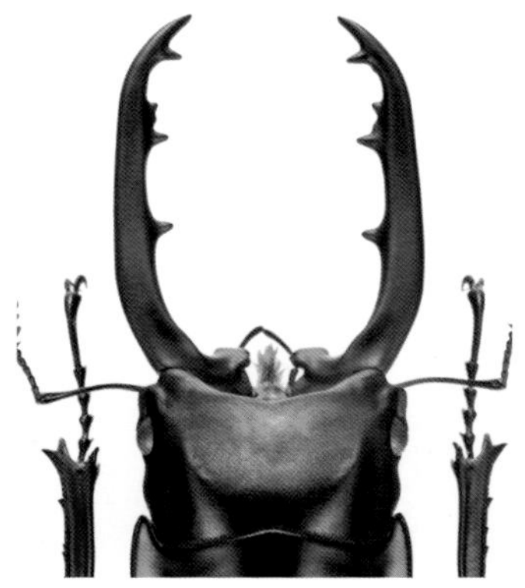

华莱士锯锹甲

Prosopocoilus wallacei
(Parry, 1862)

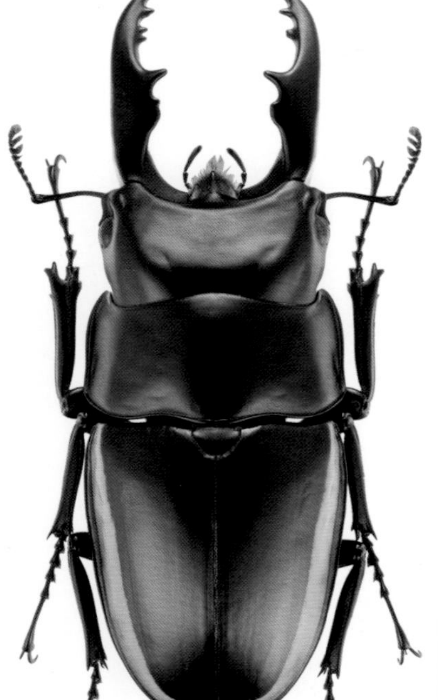

华莱士锯锹甲是一种非常美丽的大型锹甲。不管是雄性成虫还是雌性成虫，它们的鞘翅两侧都有一条淡黄色的色带。雄性成虫的大颚形态多变。本种的名字来源是为了纪念英国博物学家、探险家阿尔弗雷德·华莱士。

分布概况	印度尼西亚（马鲁古群岛）
雄虫体长	37~78 mm
幼虫期	8~16个月
成虫寿命	12~18个月

活体照▼

※ 长齿形华莱士锯锹甲雄性成虫

表征特写

野牛锯锹甲

Prosopocoilus bison bison
(Olivier, 1789)

野牛锯锹甲修长的大颚与靓丽的颜色十分讨人喜爱。其大型个体雄性成虫的大颚基部有一对三角形如同獠牙般的内齿，像是另一对大颚，十分有趣。野牛锯锹甲共分为五个亚种，其主要区别在于雄性成虫的大颚形态。

分布概况	印度尼西亚（马鲁古群岛）
雄虫体长	28~63 mm
幼虫期	8~12个月
成虫寿命	8~12个月

活体照▼

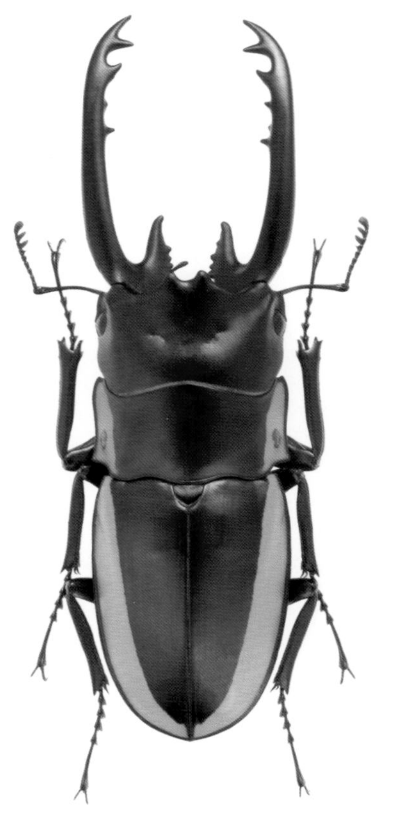

表征特写

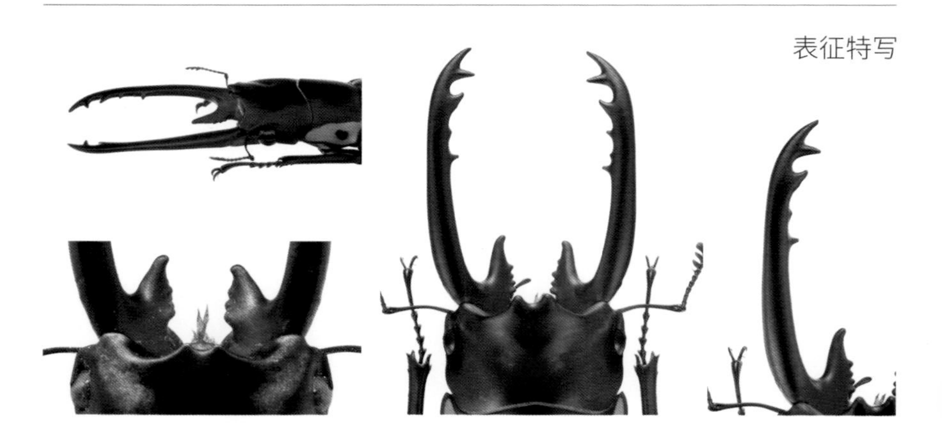

直颚侧纹锯锹甲

Prosopocoilus fruhstorferi fruhstorferi
Kolbe, 1897

直颚侧纹锯锹甲分为四个亚种，都产自印度尼西亚，本页中的指名亚种是其中体型最大的亚种。本种雄性成虫大颚笔直，中部密布锯齿状齿突，鞘翅两侧有较宽的淡黄色色带，这两个特点也正是其名称的来源。

分布概况	印度尼西亚（松巴哇岛）
雄虫体长	35~70 mm
幼虫期	6~10个月
成虫寿命	5~8个月

活体照▼

表征特写

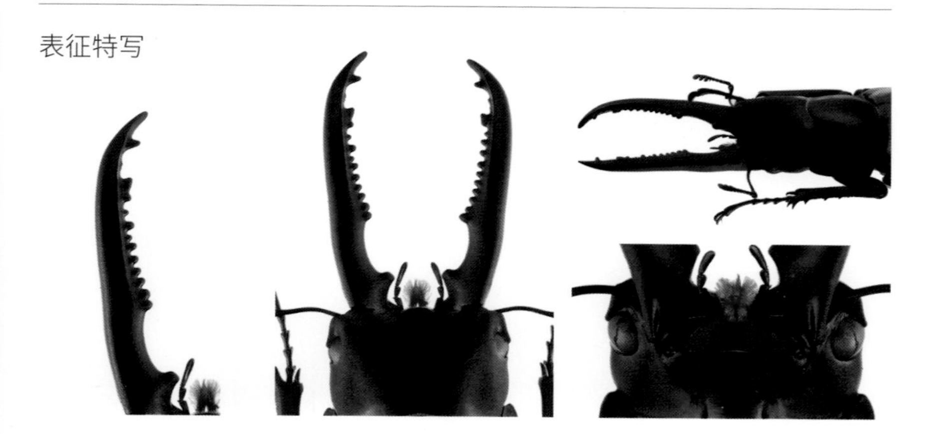

陶彩锯锹甲

Prosopocoilus lateralis lorquini
(Deyrolle,1865)

陶彩锯锹甲是一种非常漂亮的锹甲，单单其鞘翅上就呈现出黄色、黑色与棕红色三种色彩。根据栖息地的不同，目前陶彩锯锹甲被分为五个亚种。与其他锯锹甲一样，本种使用发酵木屑就能轻松饲育出大个体。

分布概况	印度尼西亚（苏拉威西岛）
雄虫体长	25~55 mm
幼虫期	6~10个月
成虫寿命	6~12个月

活体照▼

表征特写

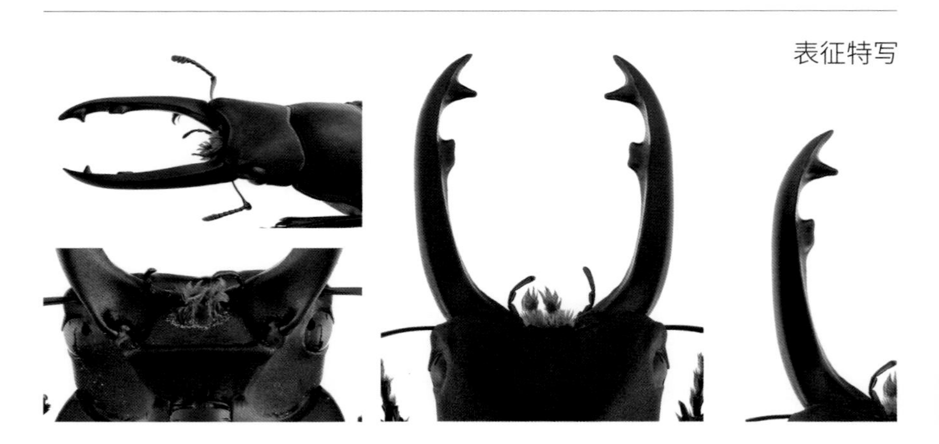

斑马锯锹甲

Prosopocoilus zebra nobuyukii
Mizumuna & Nagai, 1994

斑马锯锹甲因其身上的花纹如斑马的条纹而得名，虽然体型不大，但是在美丽的条纹之下又散发着迷人的金属光泽，十分受甲虫爱好者的欢迎。除本页中的爪哇亚种外，斑马锯锹甲还有其他三个亚种：指名亚种、菲律宾亚种和吕宋亚种。

分布概况	印度尼西亚(爪哇岛)
雄虫体长	21~55 mm
幼虫期	8~10个月
成虫寿命	6~10个月

活体照▼

表征特写

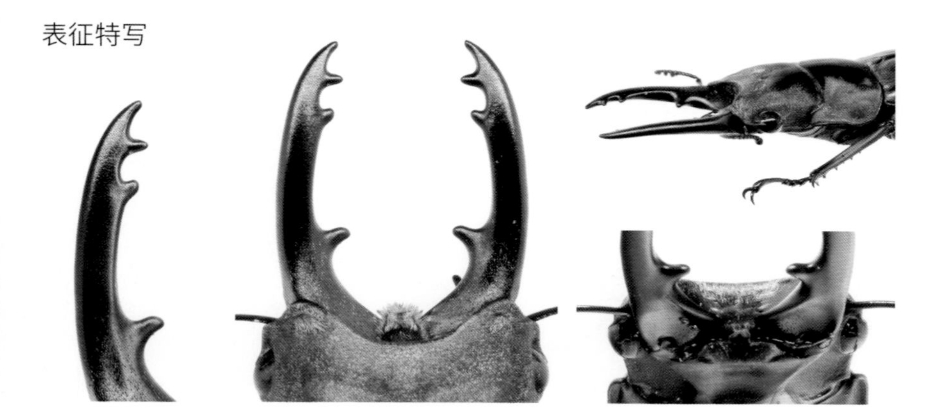

日本锯锹甲

Prosopocoilus inclinatus inclinatus
(Motschulsky, 1857)

日本锯锹甲发生期为 6—9 月，主要分布于低海拔处，成虫会集中在阔叶树上舔吸树液，飞行能力较强。野生个体在接近化蛹时，老熟的 3 龄幼虫会离开朽木，在土中建造蛹室。羽化的成虫会在蛹室里蛰伏越冬，至翌年的初夏开始活动。

分布概况	日本、朝鲜半岛等地
雄虫体长	25~75 mm
幼虫期	8~12个月
成虫寿命	6~10个月

活体照▼

表征特写

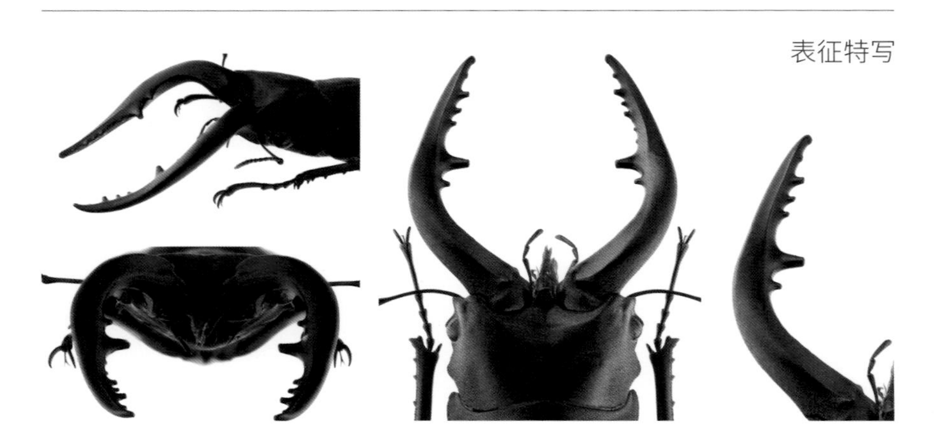

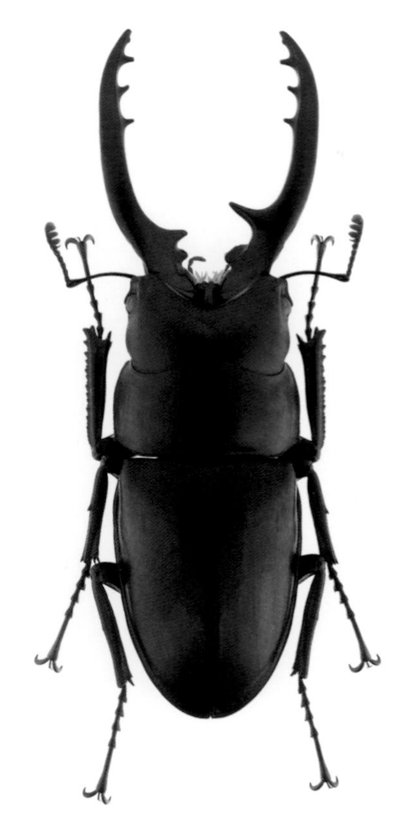

圆翅锯锹甲

Prosopocoilus forficula
(Thomson, 1856)

圆翅锯锹甲是一种非常有意思的锹甲，初识者可能会以为是生长畸形造成其雄性成虫大颚的不对称，其实不然，这种不对称的大颚正是这一物种的一大特点。虽然属于好生好养的锯锹甲属，但是本种的繁育仍是一大难题。

分布概况	中国（浙江、福建、广西、贵州、四川、湖南、台湾）
雄虫体长	30~80 mm
幼虫期	10~14个月
成虫寿命	6~10个月

活体照▼

表征特写

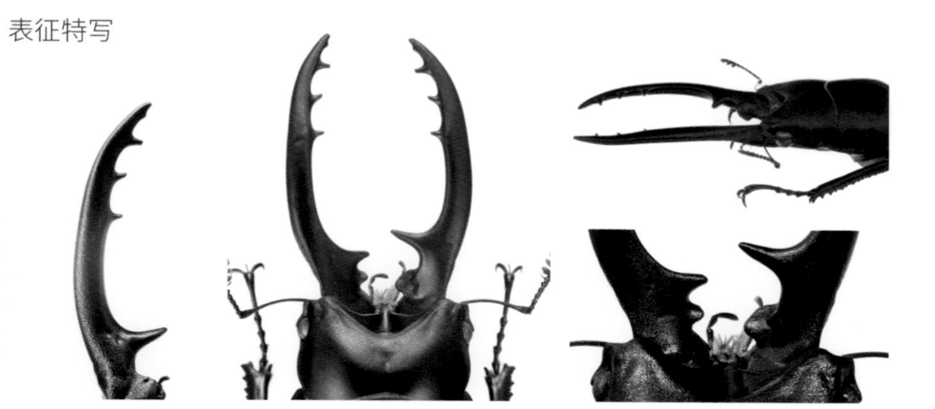

丫纹锯锹甲

Prosopocoilus suturalis
(Olivier, 1789)

丫纹锯锹甲是一种小型锹甲，因其雄性成虫头部和前胸背板中部的条纹形成了汉字“丫”或字母“Y”而得名，故也被虫友称为“Y 纹锯锹甲”。本种的饲育十分简单，但是体型十分迷你，因而它的魅力很容易被甲虫爱好者忽略。

分布概况	中国（云南、贵州、广西、福建、海南等地）
雄虫体长	20~45 mm
幼虫期	6~10个月
成虫寿命	4~8个月

活体照▼

表征特写

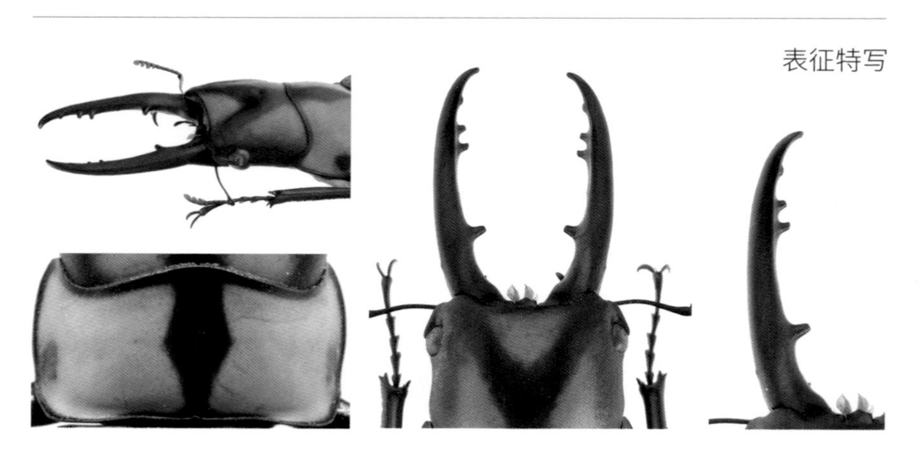

红背锯锹甲

Prosopocoilus spineus
(Didier, 1927)

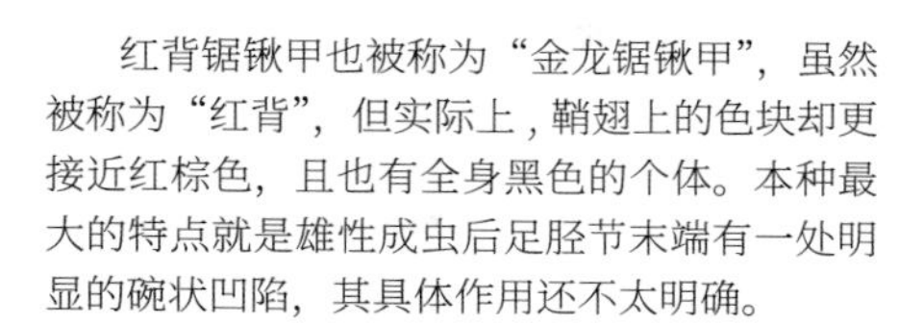

红背锯锹甲也被称为“金龙锯锹甲”，虽然被称为“红背”，但实际上，鞘翅上的色块却更接近红棕色，且也有全身黑色的个体。本种最大的特点就是雄性成虫后足胫节末端有一处明显的碗状凹陷，其具体作用还不太明确。

分布概况	中国（广东、广西、云南）；越南
雄虫体长	20~50 mm
幼虫期	6~10个月
成虫寿命	4~8个月

活体照▼

表征特写

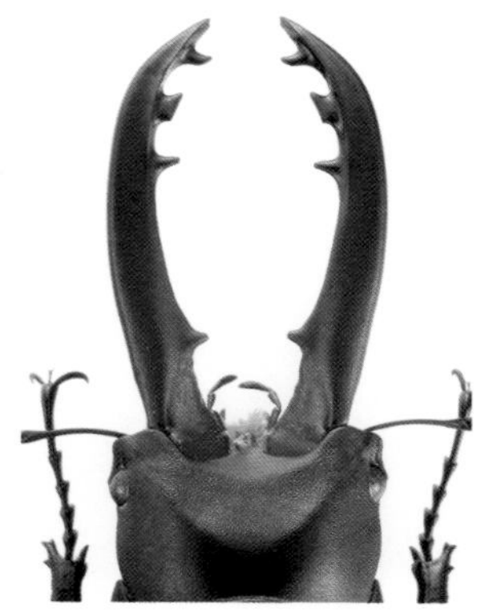

吴氏锯锹甲

Prosopocoilus wuchaoi
Huang & Chen, 2017

吴氏锯锹甲也称为“吴超锯锹甲”，是 2017 年才被描述的新种。本种体色赤红，大颚较直且前段较厚。非常特别的一点在于其雄性成虫后足胫节末端有一处类似圆形的附生物。本种与红背锯锹甲较为相似，但红背锯锹甲仅鞘翅偏红色。

分布概况	中国（云南）
雄虫体长	30~45 mm
幼虫期	8~10个月
成虫寿命	4~10个月

活体照▼

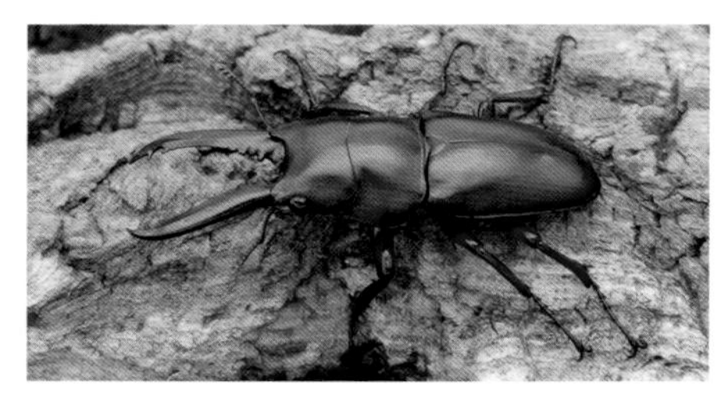

表征特写

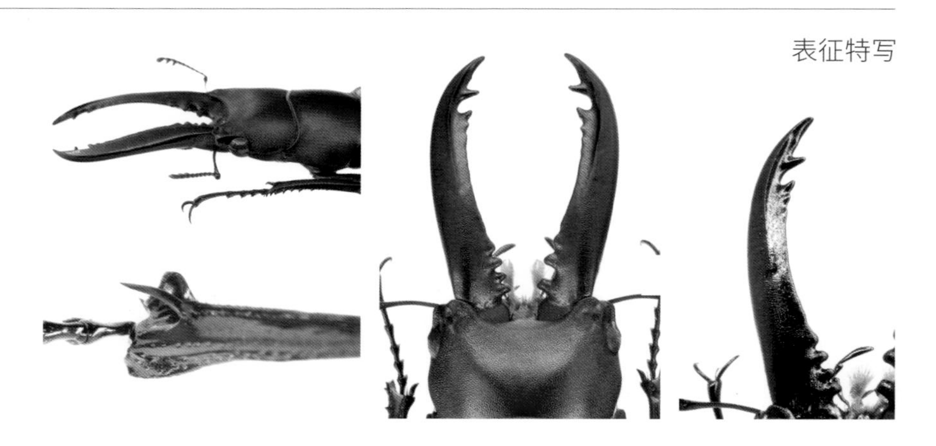

欧文锯锹甲

Prosopocoilus oweni melli
Kriesche, 1922

欧文锯锹甲是一种小型锹甲，目前分为六个亚种，雄性成虫大颚极具立体感，分布在中国、印度和东南亚各国。本页所示为欧文锯锹甲中国亚种。本种的中大型雄性成虫头部两侧有一对凸起，像极了鬼艳属锹甲的雄性成虫。

分布概况	中国（福建、广东、广西、贵州）
雄虫体长	12~40 mm
幼虫期	不详
成虫寿命	3~6个月

活体照▼

表征特写

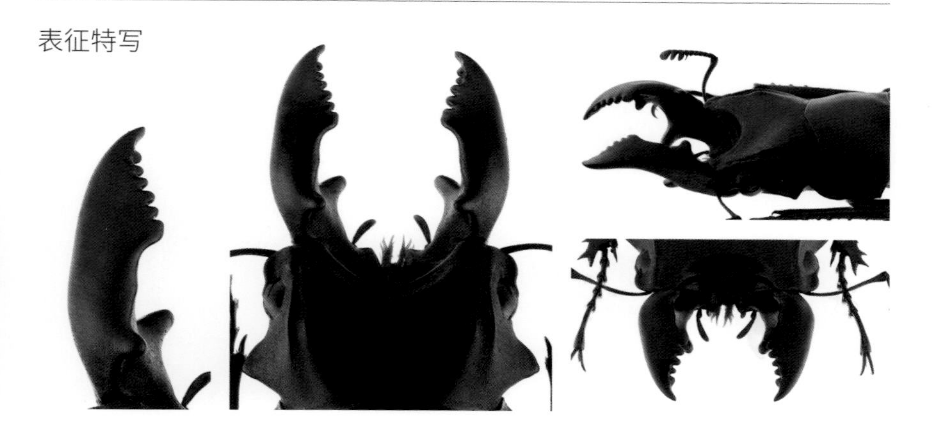

歧齿锯锹甲

Prosopocoilus porrectus
Bomans, 1978

歧齿锯锹甲曾被日本学者划分在佛祖锯锹甲下的一个亚种*Prosopocoilus buddha approximatus*。本种雄性成虫大颚明显不对称，非常有趣，这也是与其他锹甲的明显不同点。虽然很少被爱好者饲育，但却是非常易于繁育的种类。

分布概况	中国(广东、广西、海南)；越南
雄虫体长	30~55 mm
幼虫期	8~10个月
成虫寿命	6~10个月

活体照▼

表征特写

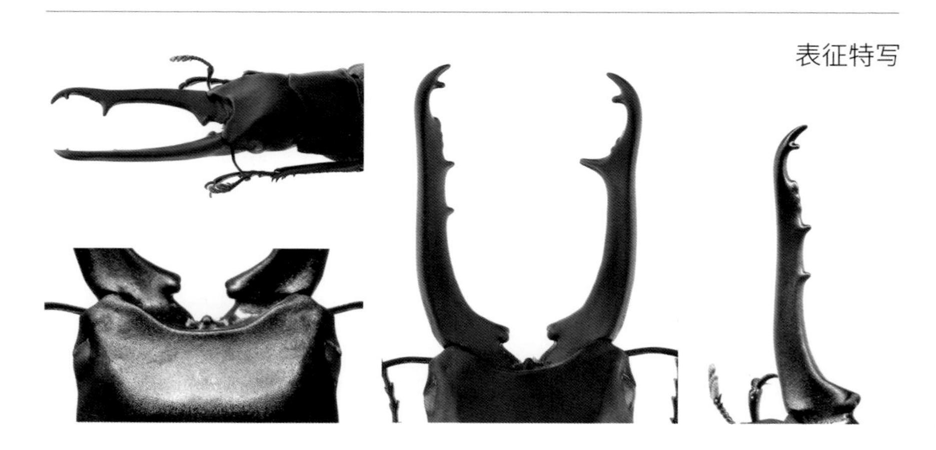

布鲁杰尼锯锹甲

Prosopocoilus bruijni rufulus
Didier, 1929

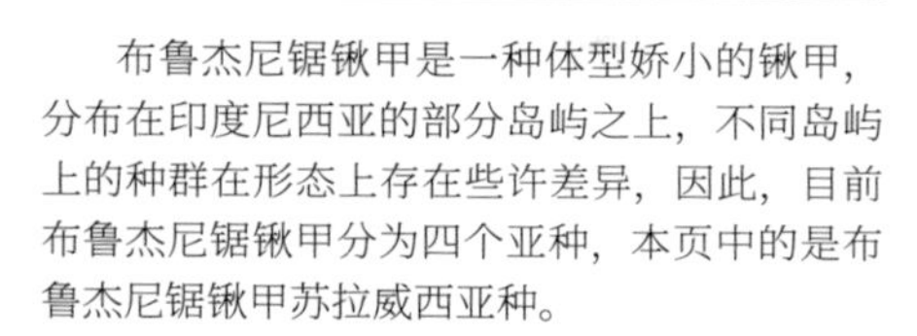

布鲁杰尼锯锹甲是一种体型娇小的锹甲，分布在印度尼西亚的部分岛屿之上，不同岛屿上的种群在形态上存在些许差异，因此，目前布鲁杰尼锯锹甲分为四个亚种，本页中的是布鲁杰尼锯锹甲苏拉威西亚种。

分布概况	印度尼西亚（苏拉威西岛）
雄虫体长	20~45 mm
幼虫期	6~10个月
成虫寿命	4~6个月

活体照▼

表征特写

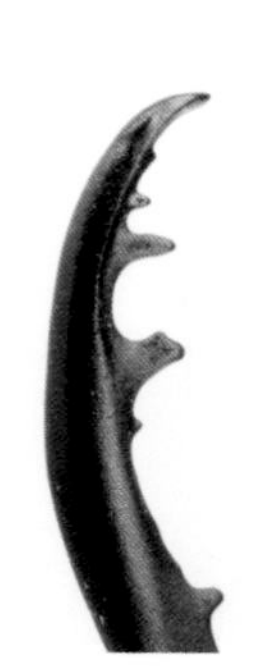

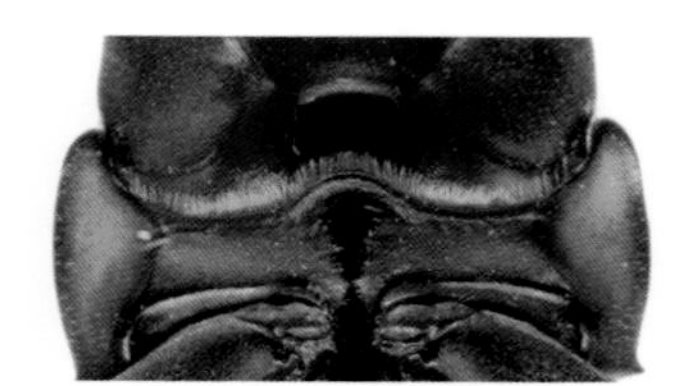

森格兰斯锯锹甲

Prosopocoilus senegalensis
(Klug, 1835)

森格兰斯锯锹甲是一种产自非洲的小型锹甲，自然光之下其全身为黑色，但是在强光下观察则会发现在黑色之下会泛出偏红的栗色。本种体型虽然不大，但是雄性成虫大颚与身体的比例却十分协调美观。

分布概况	科特迪瓦、赞比亚、中非、喀麦隆等地
雄虫体长	30~60 mm
幼虫期	8~10个月
成虫寿命	8~12个月

活体照▼

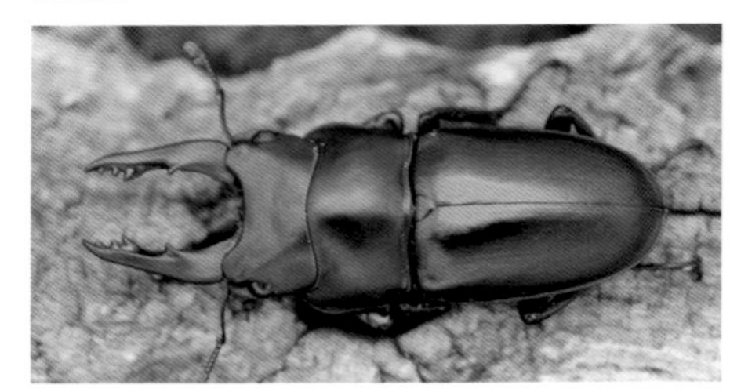

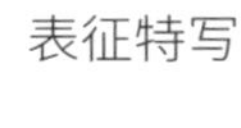

表征特写

乌罕锯锹甲

Prosopocoilus umhangi
(Fairmaire, 1891)

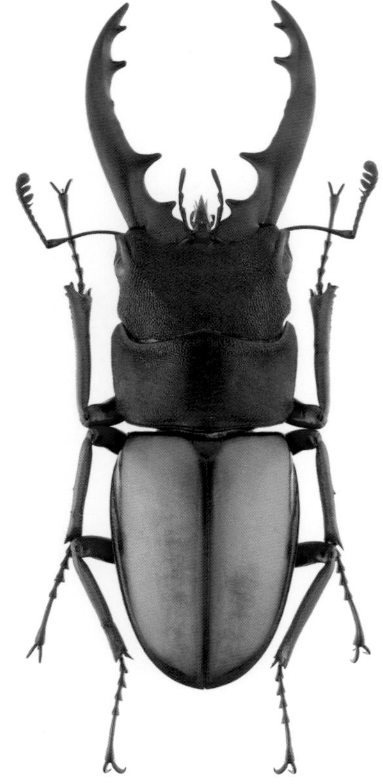

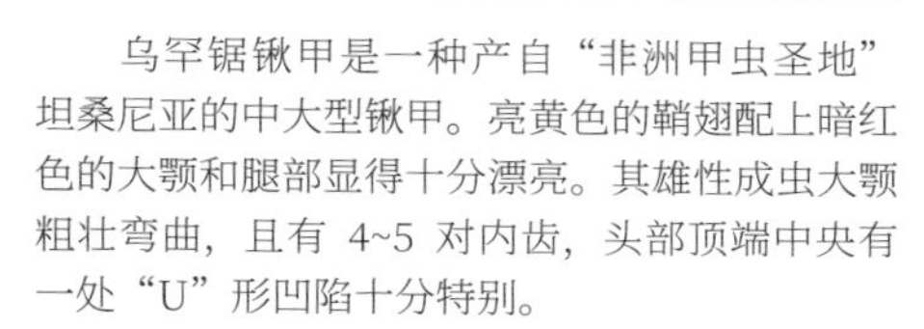

乌罕锯锹甲是一种产自“非洲甲虫圣地”坦桑尼亚的中大型锹甲。亮黄色的鞘翅配上暗红色的大颚和腿部显得十分漂亮。其雄性成虫大颚粗壮弯曲，且有 4~5 对内齿，头部顶端中央有一处“U”形凹陷十分特别。

分布概况	坦桑尼亚
雄虫体长	40~70 mm
幼虫期	8~10个月
成虫寿命	10~12个月

活体照▼

表征特写

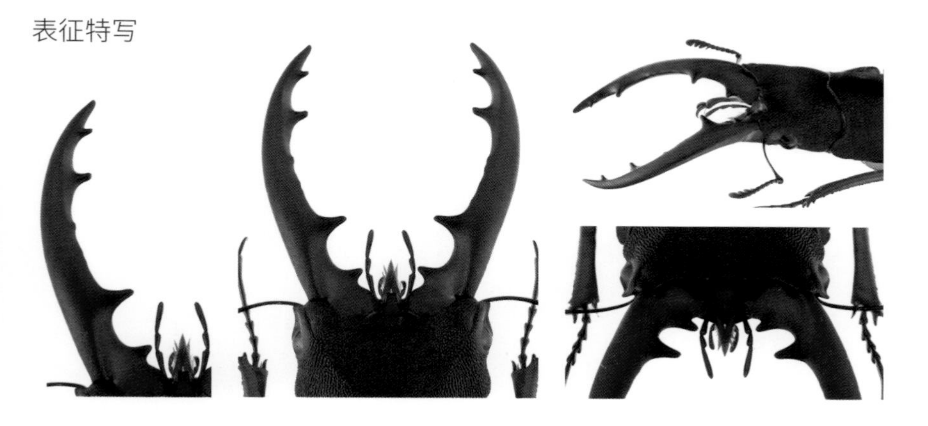

米拉比利斯锯锹甲

Prosopocoilus mirabilis
Boileau, 1904

米拉比利斯锯锹甲可以说是常见锯锹甲中集色彩艳丽与大颚夸张为一体的高颜值锹甲。本种大个体雄虫大颚弯曲弧度极高，拥有四对明显的齿凸，加之浑身黑色透露着血红，又点缀着黄色斑块，非常具有观赏价值。

分布概况	坦桑尼亚
雄虫体长	35~73 mm
幼虫期	8~10个月
成虫寿命	10~12个月

活体照▼

表征特写

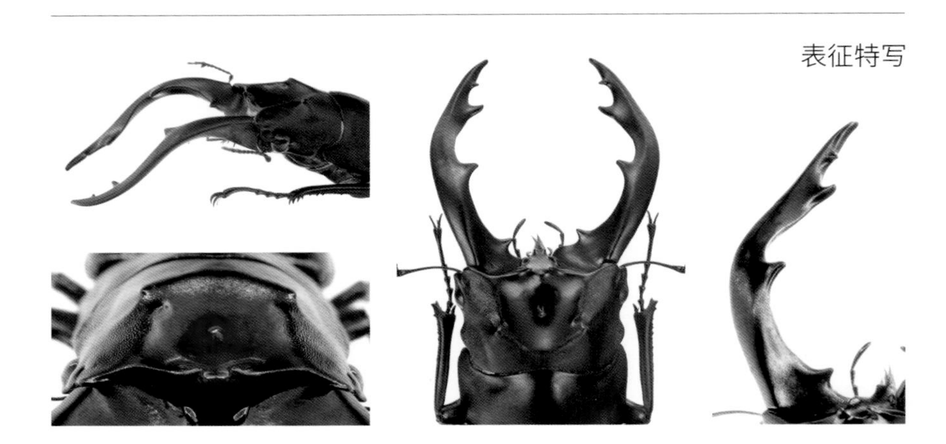

萨维吉锯锹甲

Prosopocoilus savagei
(Hope, 1842)

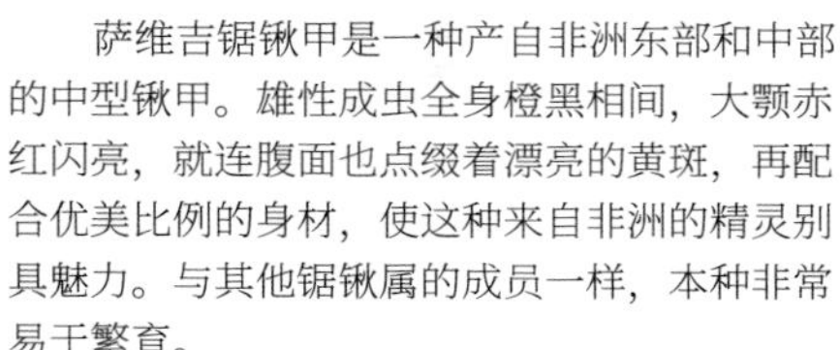

萨维吉锯锹甲是一种产自非洲东部和中部的中型锹甲。雄性成虫全身橙黑相间，大颚赤红闪亮，就连腹面也点缀着漂亮的黄斑，再配合优美比例的身材，使这种来自非洲的精灵别具魅力。与其他锯锹属的成员一样，本种非常易于繁育。

分布概况	刚果、科特迪瓦、多哥、马里等地
雄虫体长	25~65 mm
幼虫期	6~10个月
成虫寿命	8~12个月

活体照▼

表征特写

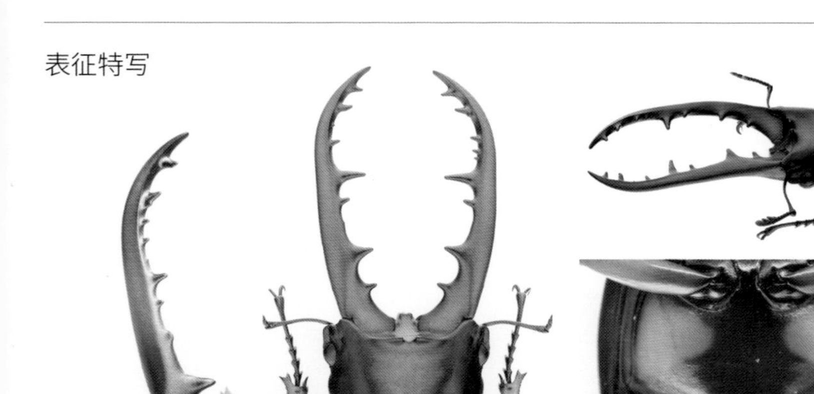

帝王鬼艳锹甲

Odontolabis imperialis imperialis
Mollenkamp, 1904

帝王鬼艳锹甲因其腿部胫节呈橙红色，也被称为“红腿鬼艳锹甲”。本种分为两个亚种，分别是本页中产自婆罗洲的指名亚种，以及产自菲律宾巴拉望岛的亚种 *Odontolabis imperialis komorii*。本种的繁育具有一定难度。

分布概况	马来西亚(东马)、印度尼西亚(加里曼丹)
雄虫体长	38~70 mm
幼虫期	12~24个月
成虫寿命	8~12个月

活体照▼

表征特写

黑鬼艳锹甲

Odontolabis siva siva
(Hope & Westwood, 1845)

一直以来，鬼艳属锹甲的繁育都因其较高的难度而使很多饲育者望而却步，但是相较其他鬼艳属锹甲而言，本种是最容易繁育的鬼艳锹甲之一。其鞘翅漆黑闪亮，而雄性成虫大颚形态又丰富多变，是非常美丽的物种。

分布概况	中国(广西、云南、贵州、浙江、福建、海南、湖南等地)
雄虫体长	45~90 mm
幼虫期	12~18个月
成虫寿命	8~18个月

活体照▼

表征特写

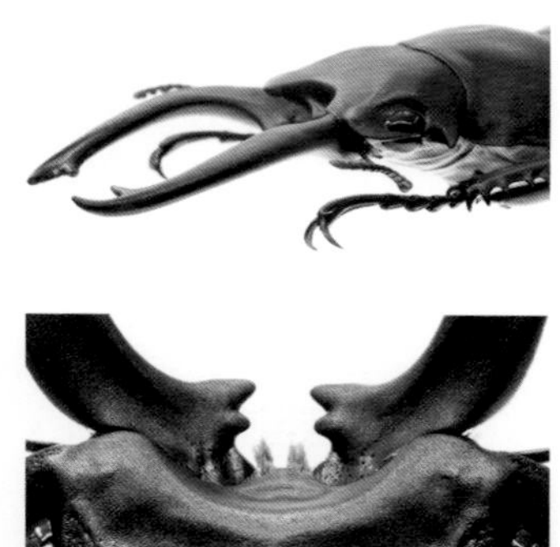

红边鬼艳锹甲

Odontolabis cuvera sinensis
(Westwood, 1848)

红边鬼艳锹甲又被称为“库奥锹甲中华亚种”，与其近似的还有黄边鬼艳锹甲。相比之下，黄边鬼艳锹甲鞘翅上的黄色条带状面积更为宽阔。本种虽然在野外是十分常见的种类，但是人工繁育还是需要极大的耐心和技巧。

分布概况	中国（安徽、浙江、福建、江西）
雄虫体长	45~85 mm
幼虫期	12~18个月
成虫寿命	3~5个月

活体照▼

表征特写

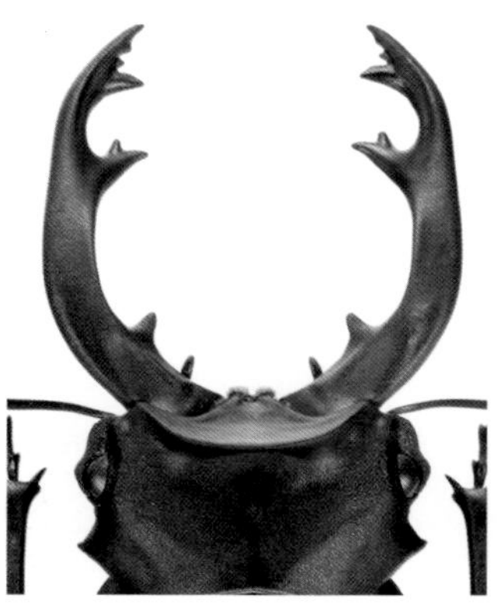

黄边鬼艳锹甲

Odontolabis curva fallaciosa

Boileau, 1901

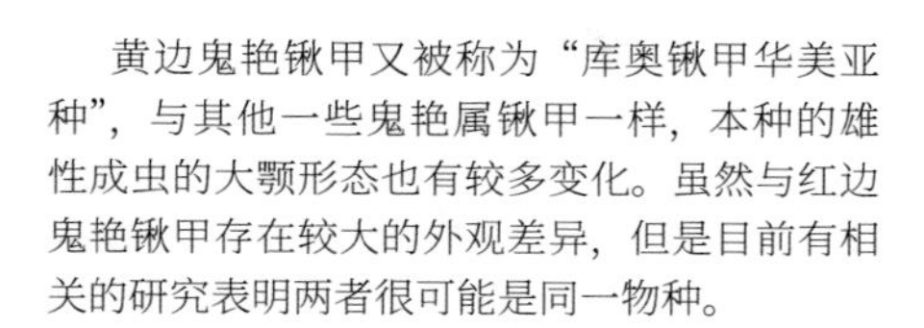

黄边鬼艳锹甲又被称为“库奥锹甲华美亚种”，与其他一些鬼艳属锹甲一样，本种的雄性成虫的大颚形态也有较多变化。虽然与红边鬼艳锹甲存在较大的外观差异，但是目前有相关的研究表明两者很可能是同一物种。

分布概况	中国(广西)；越南、老挝、泰国
雄虫体长	45~87 mm
幼虫期	12~18个月
成虫寿命	3~5个月

活体照▼

表征特写

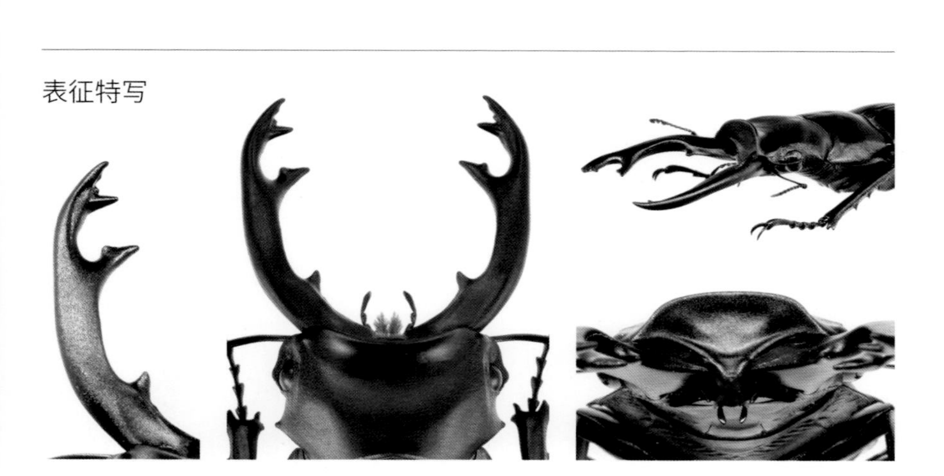

亚里斯鬼艳锹甲

Odontolabis alces
(Fabricius, 1775)

亚里斯鬼艳锹甲是一种大型锹甲，野外观察到的最大雄虫体长达 104 mm。本种不同产地的个体在形态上存在差异，吕宋岛产的亚里斯鬼艳锹甲雄虫大颚有一对主内齿，而本页所示的明答那峨岛的雄虫则没有主内齿。

分布概况	菲律宾
雄虫体长	80~109 mm
幼虫期	18~24个月
成虫寿命	4~6个月

活体照▼

表征特写

秀丽鬼艳锹甲

Odontolabis elegans
Mollenkamp, 1901

秀丽鬼艳锹甲的种名“elegans”在拉丁文中，意为“干净利落的”“华美的”。本种常常被误认为是莫浩特鬼艳锹甲。此外，其雄性成虫形态和黄边鬼艳锹甲相差无几，主要区别是本种鞘翅的颜色更加纯粹单一。

分布概况	泰国、缅甸
雄虫体长	45~80 mm
幼虫期	18~24个月
成虫寿命	4~6个月

活体照▼

表征特写

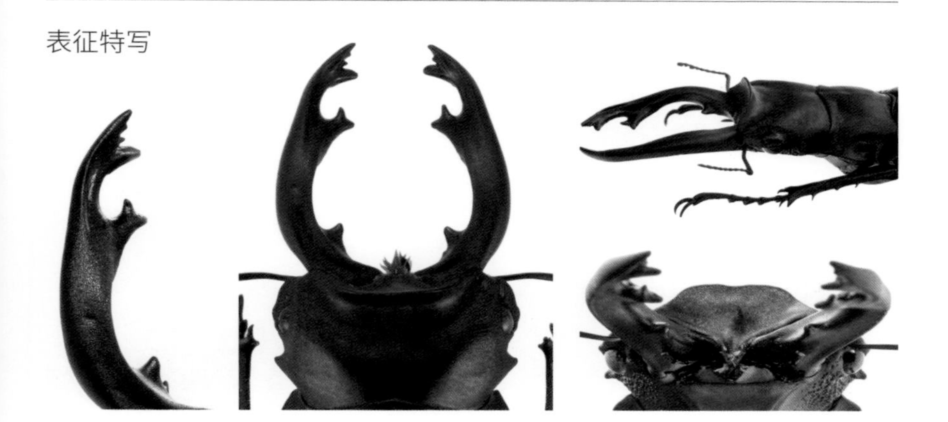

哥斯拉鬼艳锹甲

Odontolabis gazella gazella
(Fabricius, 1787)

哥斯拉鬼艳锹甲是少有的短齿形比长齿形更具魅力的锹甲。短齿形雄性成虫那如同钢丝钳一般短小锋利且明显不对称的大颚，正是该种独特的标签。哥斯拉鬼艳锹甲有多个亚种，*O. gazella inaequalis* 亚种全身为黑色，没有其他亚种亮丽的橘色鞘翅。

分布概况	马来西亚、印度尼西亚
雄虫体长	35~70 mm
幼虫期	不详
成虫寿命	4~6个月

活体照▼

表征特写

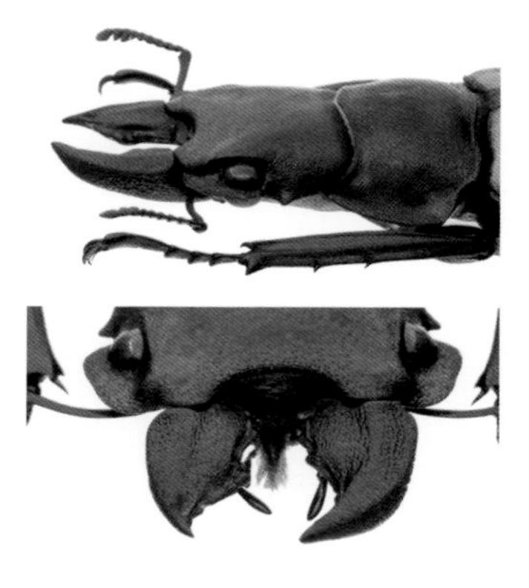

拉克达尔鬼艳锹甲

Odontolabis lacordairei
(Vollenhoven, 1861)

拉克达尔鬼艳锹甲是一种雄性成虫体长可达 90 mm 的大型锹甲。本种体色靓丽，雄性成虫头部倒三角的黄色斑块是本种的特征之一。活着的时候，其鞘翅上分布着令人迷幻的淡黄色纹理，但死亡后就变成一整块亮黄色。

分布概况	印度尼西亚（苏门答腊岛）
雄虫体长	45~90 mm
幼虫期	12~18个月
成虫寿命	6~8个月

活体照▼

表征特写

索墨里鬼艳锹甲

Odontolabis sommeri lowei
Parry, 1873

索墨里鬼艳锹甲是一种产自婆罗洲的中型锹甲，一共分为三个亚种，本页为常见的婆罗洲亚种。本种体色黄、棕、黑色相间，雄性成虫前足胫节弯曲弧度较大，虽然在原产地数量较大，但人工条件下繁育却比较有难度。

分布概况	印度尼西亚（加里曼丹）、马来西亚（东马）
雄虫体长	35~65 mm
幼虫期	不详
成虫寿命	3~5个月

活体照▼

表征特写

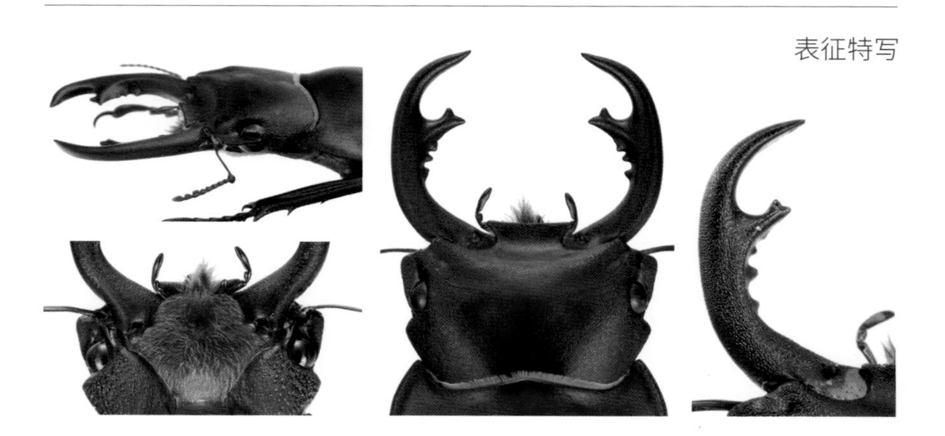

麋鹿鬼艳锹甲

Odontolabis striata cephalotes
(Deyrolle, 1864)

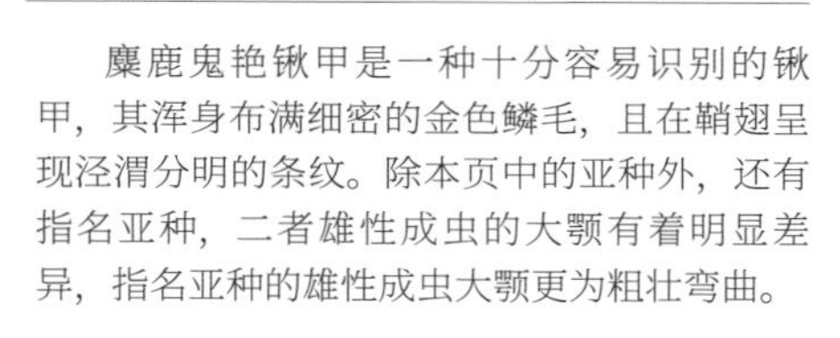

麋鹿鬼艳锹甲是一种十分容易识别的锹甲，其浑身布满细密的金色鳞毛，且在鞘翅呈现泾渭分明的条纹。除本页中的亚种外，还有指名亚种，二者雄性成虫的大颚有着明显差异，指名亚种的雄性成虫大颚更为粗壮弯曲。

分布概况	马来西亚（东马）、印度尼西亚（加里曼丹）
雄虫体长	27~50 mm
幼虫期	18~24个月
成虫寿命	10~12个月

活体照▼

表征特写

路德金鬼艳锹甲

Odontolabis ludekingi
(Vollenhoven, 1861)

路德金鬼艳锹甲雄性成虫大颚十分厚实粗壮且弯曲，头部宽阔且布满深深的刻点，鞘翅中央的黑色纹路比较宽阔。活体的状态下，其鞘翅为布满脉络的淡黄色；当个体死亡后，脉络会消失，变成一整块的黄色。

分布概况	印度尼西亚（苏门答腊岛）
雄虫体长	45~80 mm
幼虫期	18~24个月
成虫寿命	10~12个月

活体照▼

表征特写

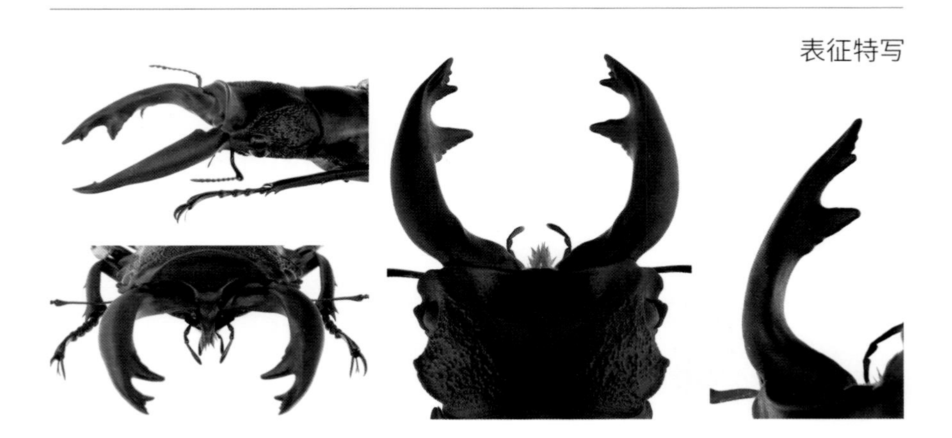

戴曼尼鬼艳锹甲

Odontolabis dalmanni dalmanni
(Hop & Westwood, 1845)

戴曼尼鬼艳锹甲因其体表布满金色鳞毛，也被称为“金毛鬼艳锹甲”。戴曼尼鬼艳锹甲目前被分为多达十个亚种，其中体型最大的为英特梅迪亚种 *O.dalmanni intermedia*，最大个体雄虫可长达 100 mm 以上。

分布概况	印度尼西亚、马来西亚(东马)、缅甸、泰国
雄虫体长	44~82 mm
幼虫期	18~24个月
成虫寿命	10~12个月

活体照▼

表征特写

巨叉深山锹甲

Lucanus hermani
De Lisle, 1973

巨叉深山锹甲也被称为“赫曼尼深山锹甲”，也就是其拉丁文学名的音译。本种是中国体型最大的深山锹甲种类。其修长弯曲的大颚和前出分叉的唇基极具视觉冲击力。巨叉深山锹甲生活海拔较低，相对于其他深山锹甲是非常耐热的种类。

分布概况	中国（湖北、湖南、安徽、浙江、福建、广西、贵州、海南等地）
雄虫体长	45~90 mm
幼虫期	12~18个月
成虫寿命	2~4个月

活体照▼

表征特写

维叉深山锹甲

Lucanus vitalisi
Pouillaude, 1913

维叉深山锹甲也被称为“维塔利斯深山锹甲”。和巨叉深山锹甲相比，本种雄性成虫头部没有夸张前出的唇基，大颚的主内齿更小且靠前，大颚中段内齿常连为一体，除此之外，本种的全身布满了金黄色的鳞毛。

分布概况	中国（云南）；越南等地
雄虫体长	45~80 mm
幼虫期	12~18个月
成虫寿命	2~4个月

活体照▼

表征特写

拉叉深山锹甲

Lucanus laminifer
Waterhouse, 1890

拉叉深山锹甲也被称为“林明尼弗深山锹甲”。乍看之下，本种与维叉深山锹甲的雄性成虫几乎一模一样，但细细观察就会发现，本种雄性成虫的大颚没有明显的主内齿，而是一排细密的锯齿状齿突，此外，本种的腿部为棕红色，也有别于维叉深山锹甲。

分布概况	中国（云南）；印度、泰国、缅甸
雄虫体长	45~80 mm
幼虫期	12~18个月
成虫寿命	2~4个月

活体照▼

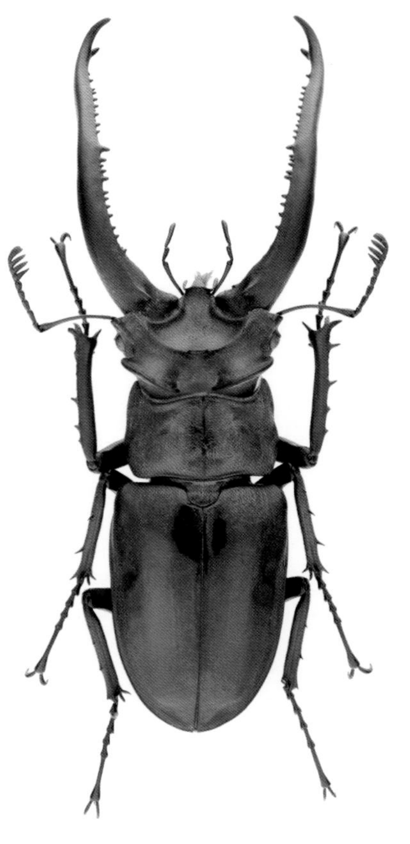

表征特写

普叉深山锹甲

Lucanus planeti
Planet, 1899

普叉深山锹甲又被称为“普兰特深山锹甲”。本种与巨叉深山锹甲十分相似，但与巨叉深山锹甲光滑的身体相比，本种全身密布细密鳞毛，雄性成虫的大颚也没有巨叉深山锹甲那样明显的主内齿。

分布概况	中国（广东、广西、云南）；越南
雄虫体长	40~90 mm
幼虫期	12~18个月
成虫寿命	2~4个月

活体照▼

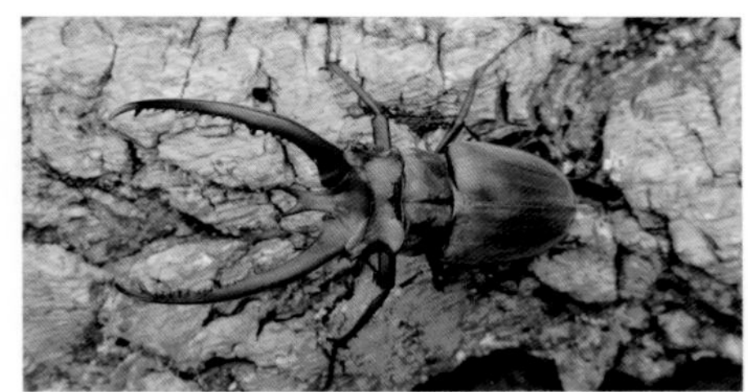

表征特写

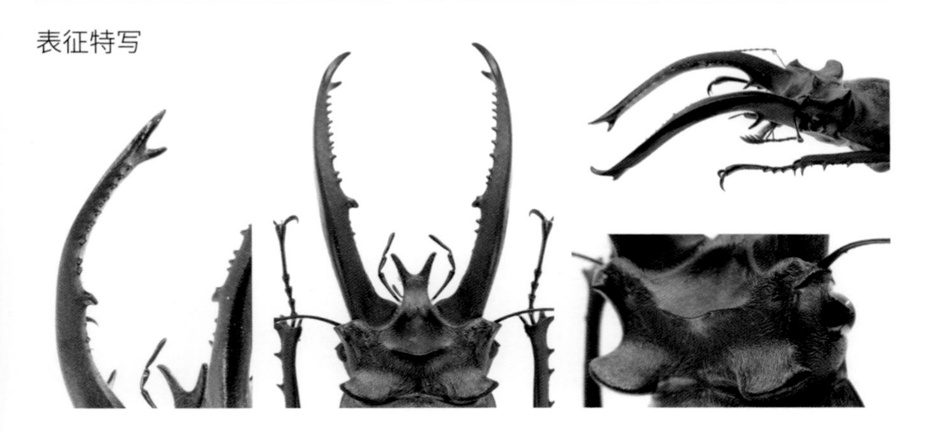

大陆姬深山锹甲

Lucanus continentalis
Zilioli, 1998

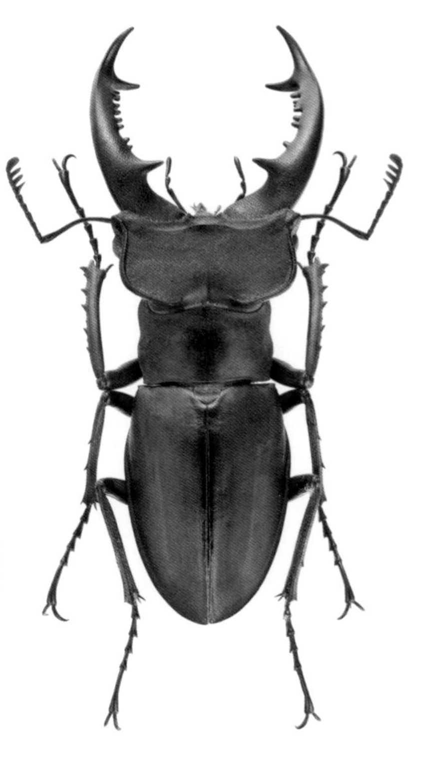

姬深山锹甲除大陆姬深山锹甲外，还有微齿姬深山锹甲 *Lucanus fujianensis*、台湾姬深山锹甲 *Lucanus swinhoei* 等近缘种。本种雄性成虫大颚弯曲粗壮，齿突分布均匀连续，是非常具有深山属锹甲特征的物种。

分布概况	中国（浙江、福建等地）
雄虫体长	25~60 mm
幼虫期	18~36个月
成虫寿命	3~5个月

活体照▼

表征特写

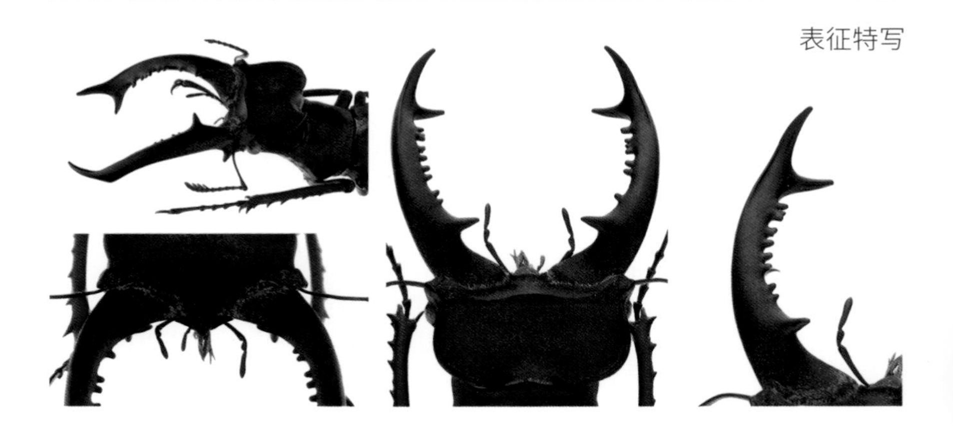

幸运深山锹甲

Lucanus fortunei
Saunders, 1854

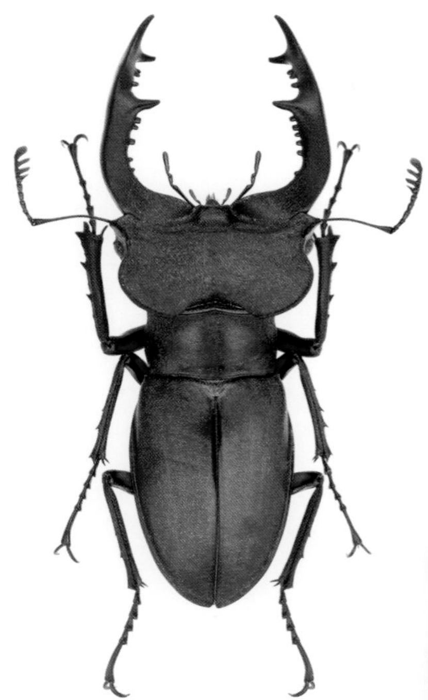

幸运深山锹甲因学名“fortune”翻译为“幸运”而得名，也被称为“福琼深山锹甲”，为纪念在华茶叶商人福琼。本种雄性成虫的大颚弯曲，端齿分叉幅度不大，主内齿位于大颚约1/3处，大型个体头部侧缘非常圆润。

分布概况	中国(浙江、福建、安徽、广东等地)
雄虫体长	24~60 mm
幼虫期	18~36个月
成虫寿命	3~5个月

活体照▼

表征特写

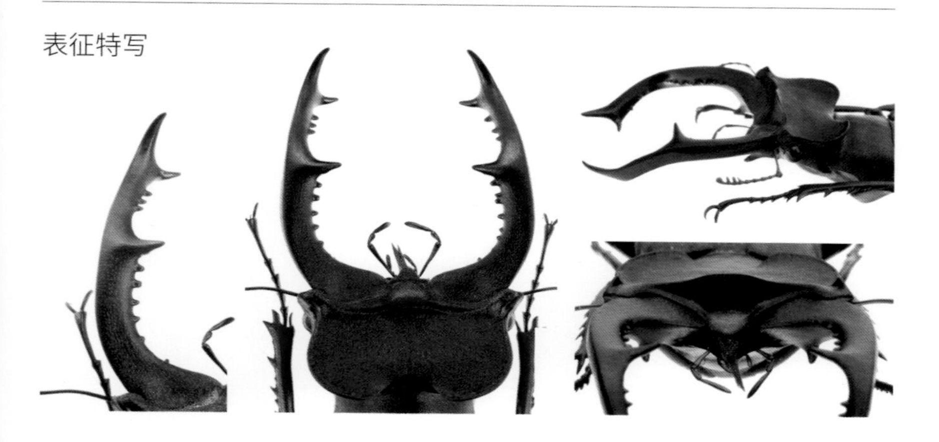

四川深山锹甲

Lucanus szetschuanicus
Hanus, 1932

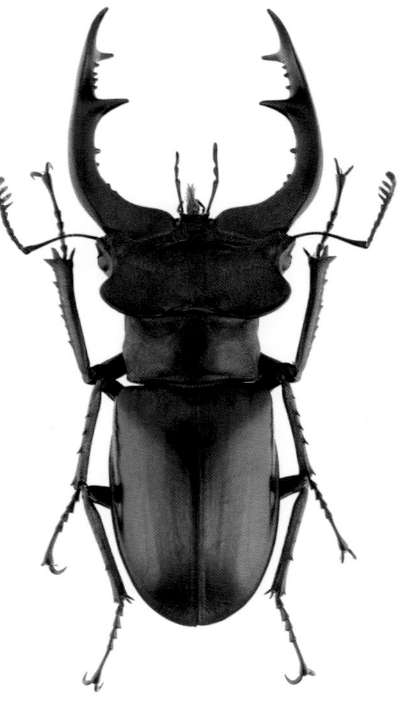

乍看之下，四川深山锹甲与幸运深山锹甲非常相似，但本种雄性成虫大颚较长且内齿较少，三对足上有明显黄斑，且头部侧缘外扩程度更大，前额棱突更为发达。与众多小型深山锹甲相比，四川深山锹甲更容易繁育。

分布概况	中国（四川、贵州）
雄虫体长	25~60 mm
幼虫期	24~36个月
成虫寿命	3~5个月

活体照▼

表征特写

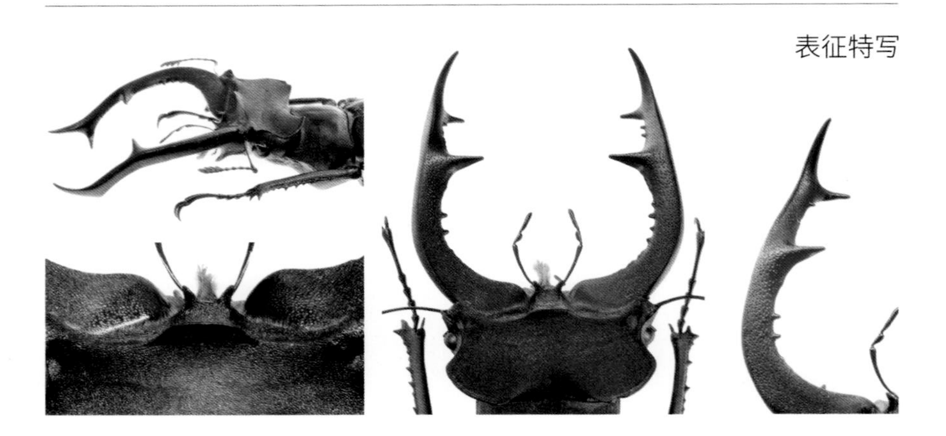

均齿深山锹甲

Lucanus kirchneri
Zilioli, 1999

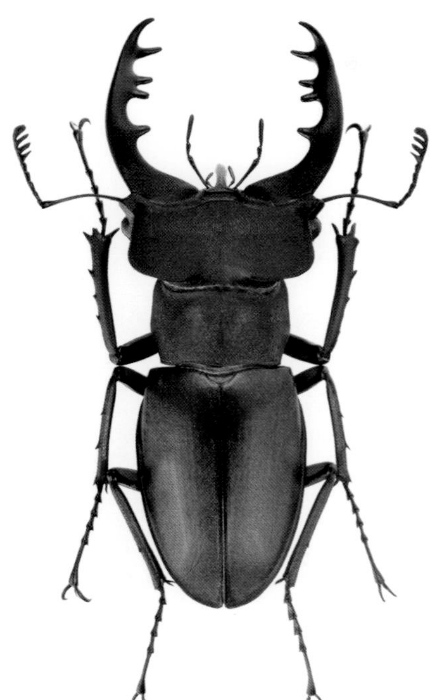

均齿深山锹甲是我国福建省的特有种，其名来源于本种雄性成虫大颚几乎没有主齿、小齿之分，大型个体大颚中段有两对贴近在一起几乎等长的内齿，与其他深山锹甲形成鲜明对比。本种的幼虫期比较长，人工繁殖也有一定困难。

分布概况	中国（福建）
雄虫体长	25~55 mm
幼虫期	24~36个月
成虫寿命	3~5个月

活体照▼

表征特写

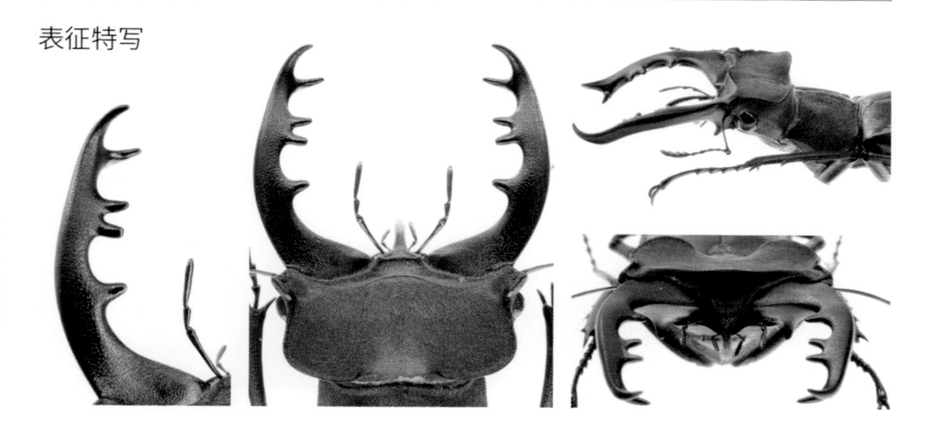

武夷深山锹甲

Lucanus wuyishanensis
Saunders, 1999

武夷深山锹甲虽然名称中表明了其产地“武夷山”，但其实在湖南也有分布。本种的雄性成虫头部宽大，大颚向腹面弯曲幅度较大，虽然体型不大，但是宽大的头部配合苗条的腹部使其整体比例非常漂亮。

分布概况	中国(福建、湖南)
雄虫体长	25~50 mm
幼虫期	24~36个月
成虫寿命	3~5个月

活体照▼

表征特写

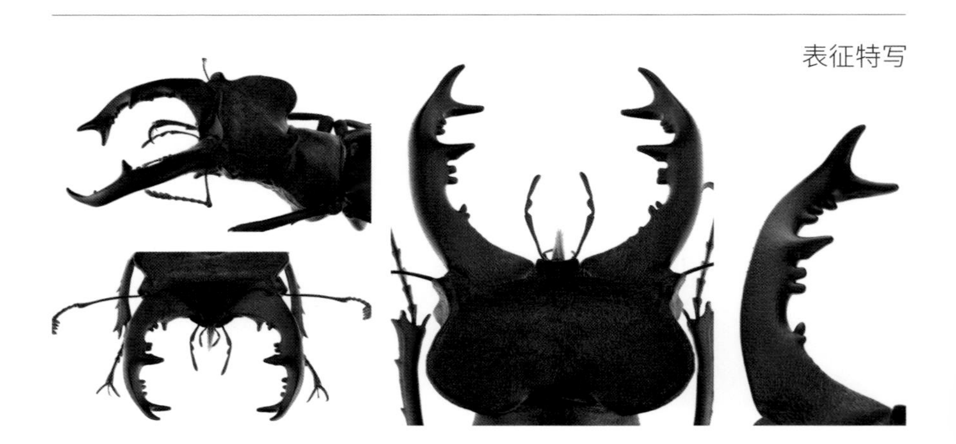

卡氏深山锹甲

Lucanus klapperichi
Bomans, 1989

卡氏深山锹甲广泛分布在我国华东地区的山脉中，有偏暗红色的个体，也有全身黑色的个体。本种雄性成虫大颚主内齿的形态呈特殊的阶梯状，大颚前段的端齿不发达，与其他类似的深山锹甲相比显得比较小巧。

分布概况	中国（浙江、福建）
雄虫体长	30~50 mm
幼虫期	不详
成虫寿命	3~5个月

活体照▼

表征特写

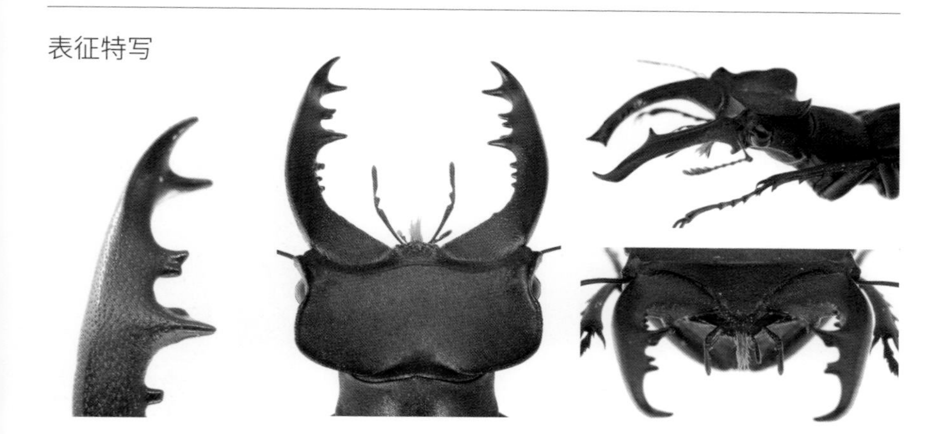

扩头深山锹甲

Lucanus kraatzi giangae
Nagel, 1926

扩头深山锹甲也被称为“小藏深山锹甲”，其名来源于雄性成虫头部夸张的横向突出的侧缘。除了本页中的越南亚种外，还有扩头深山锹甲指名亚种*L. kraatzi kraatzi*，相比之下，越南亚种体型比指名亚种更大。

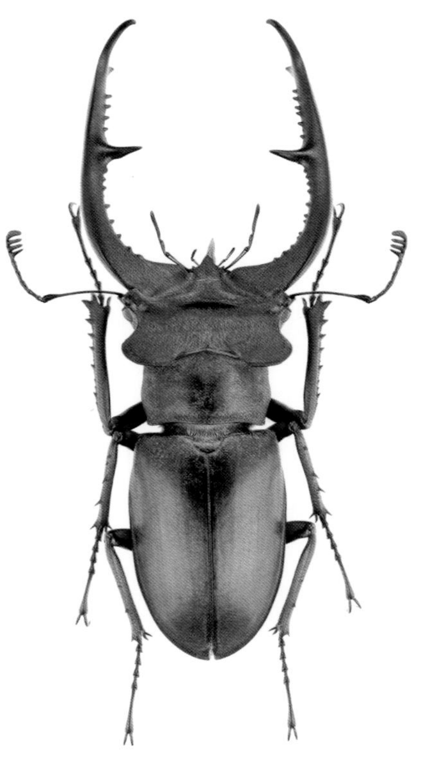

分布概况	中国（云南）；越南
雄虫体长	40~70 mm
幼虫期	18~24个月
成虫寿命	3~5个月

活体照▼

※ 扩头深山锹甲小个体雄性成虫

表征特写

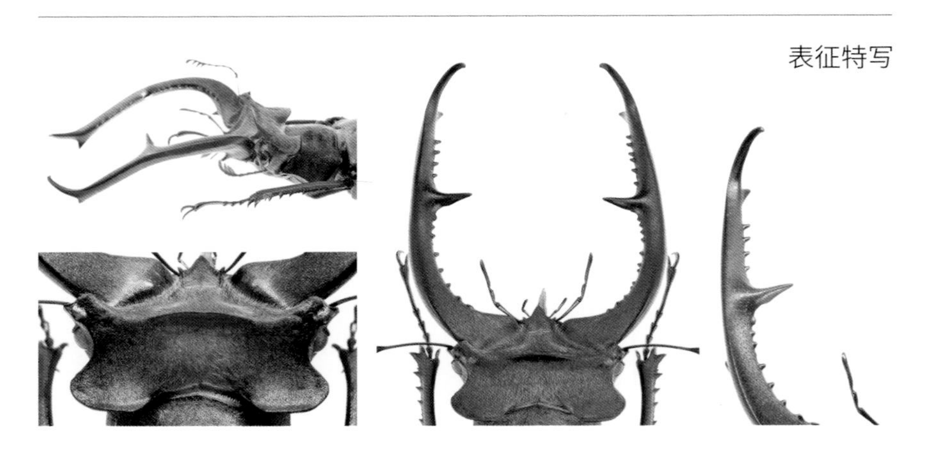

橙深山锹甲

Lucanus cyclommatoides
Didier, 1928

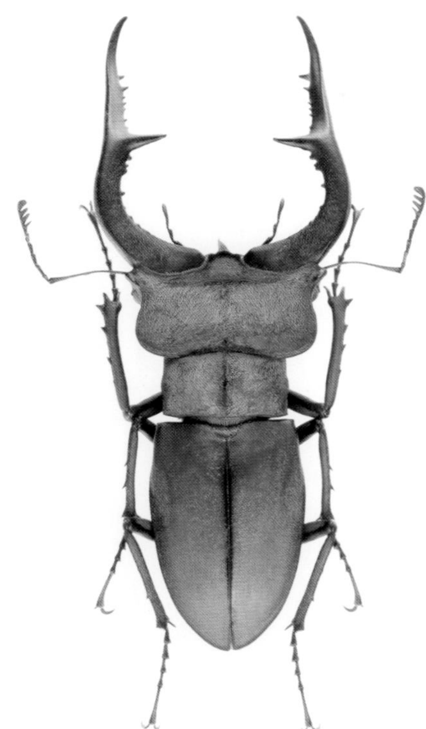

橙深山锹甲因其雌性成虫与雄性成虫鞘翅颜色均为橙红色而得名。本种大个体雄性成虫的大颚较长，基部横向弯曲幅度极大，主内齿尖锐而细长。虽然体型不大，但威武的大颚、较好的身材比例使其极具魅力。

分布概况	中国(云南);越南
雄虫体长	35~60 mm
幼虫期	不详
成虫寿命	3~5个月

活体照▼

表征特写

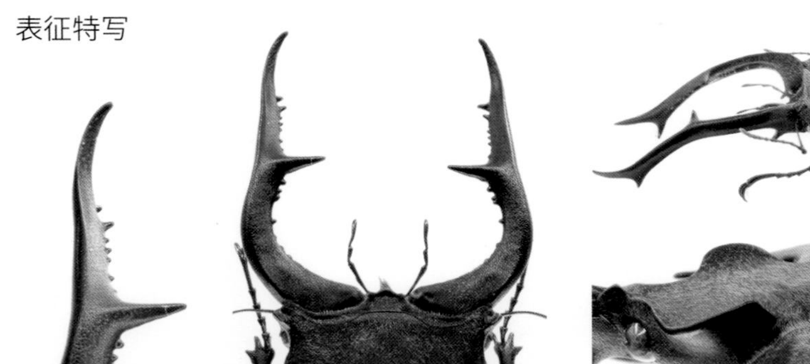

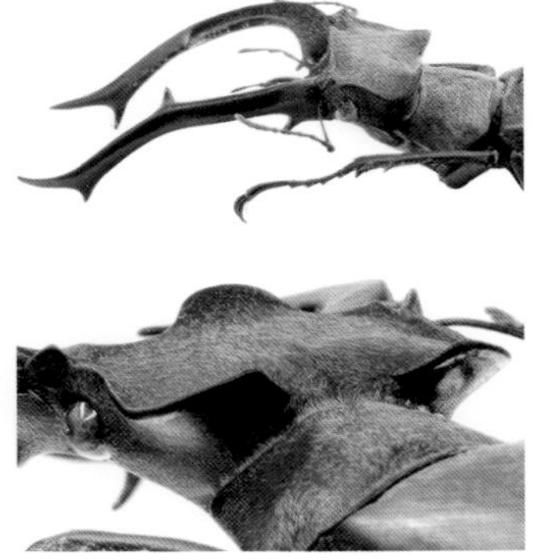

佛瑞深山锹甲

Lucanus fryi
Boileau, 1911

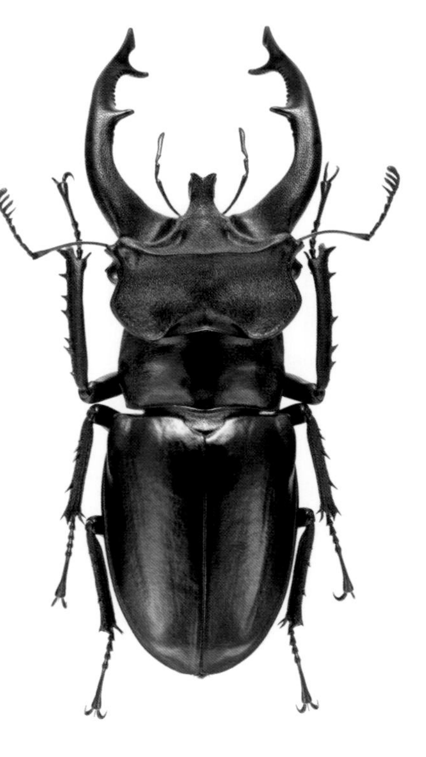

佛瑞深山锹甲雄性成虫的大颚内齿比较密集，且分布在大颚前部，头部和大颚有稀疏鳞毛，但其鞘翅上则无鳞毛覆盖，比较光亮。本种雄性成虫唇基也比较有特色：前伸且顶端分叉，并拥有一个朝向腹面的斜切面。

分布概况	中国（云南、西藏）
雄虫体长	30~75 mm
幼虫期	18~24个月
成虫寿命	3~6个月

活体照▼

表征特写

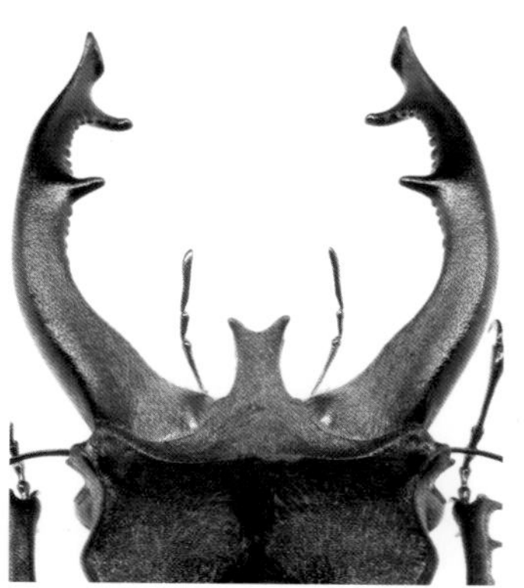

派瑞深山锹甲指名亚种

Lucanus parryi parryi
Boileau, 1899

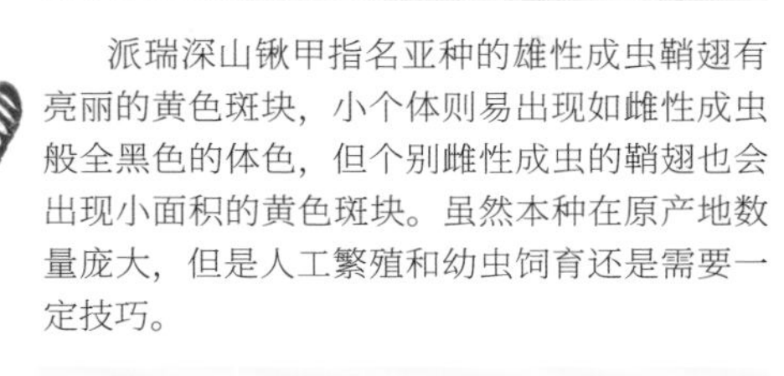

派瑞深山锹甲指名亚种的雄性成虫鞘翅有亮丽的黄色斑块，小个体则易出现如雌性成虫般全黑色的体色，但个别雌性成虫的鞘翅也会出现小面积的黄色斑块。虽然本种在原产地数量庞大，但是人工繁殖和幼虫饲育还是需要一定技巧。

分布概况	中国（江西、浙江、福建）
雄虫体长	26~50 mm
幼虫期	24~36个月
成虫寿命	3~5个月

活体照▼

表征特写

派瑞深山锹甲西部亚种

Lucanus parryi laetus
Arrow, 1899

派瑞深山锹甲西部亚种通常比指名亚种体型更大，其雄性成虫的头部、前胸背板、腿部通常为红褐色，鞘翅上的黄色斑块面积更大，几乎覆盖整个鞘翅，通过以上这些特征可以很容易与指名亚种区分开来。

分布概况	中国（重庆、四川、湖北、河南、贵州、陕西）
雄虫体长	30~55 mm
幼虫期	24~36个月
成虫寿命	3~5个月

活体照▼

表征特写

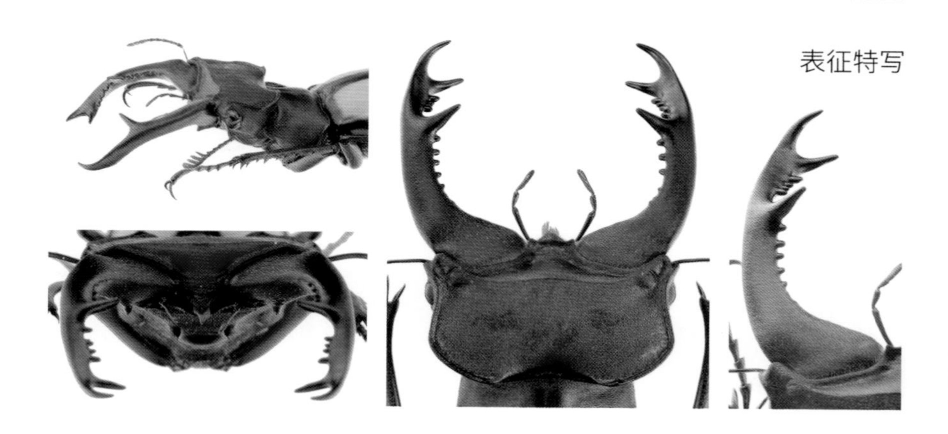

斑股深山锹甲

Lucanus dybowski dybowski
Parry, 1873

斑股深山锹甲属于非常容易饲育的深山属物种，使用发酵木屑就能饲育出大型个体。虽然其野外数量较大，但是野生状态下雄性成虫的鳞毛会被严重磨损，所以人工饲育的鳞毛完整的个体显得弥足珍贵。

分布概况	中国（吉林、黑龙江、辽宁、山东、安徽、福建、山西、陕西、湖北、重庆、甘肃、内蒙古）；朝鲜半岛
雄虫体长	30~76 mm
幼虫期	12~18个月
成虫寿命	3~6个月

活体照▼

表征特写

鬼深山锹甲

Lucanus wemckeni
Schenk, 2006

鬼深山锹甲是近年来比较热门的种类，这主要得益于其雄性成虫鲜明的特征：中大型个体大颚基部有明显分叉的大型内齿，前额棱突极度向后，形成一个“V”字形，光亮的鞘翅散发出闪亮的青铜色泽，极具美感。

分布概况	中国(西藏)；印度
雄虫体长	30~61 mm
幼虫期	18~24个月
成虫寿命	3~6个月

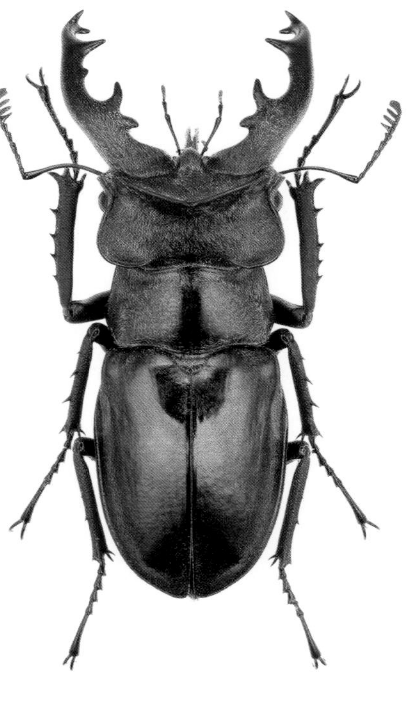

活体照▼

表征特写

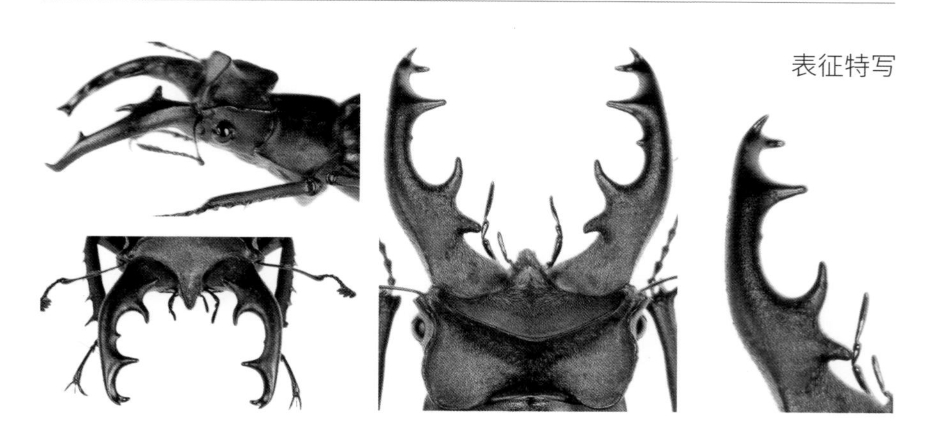

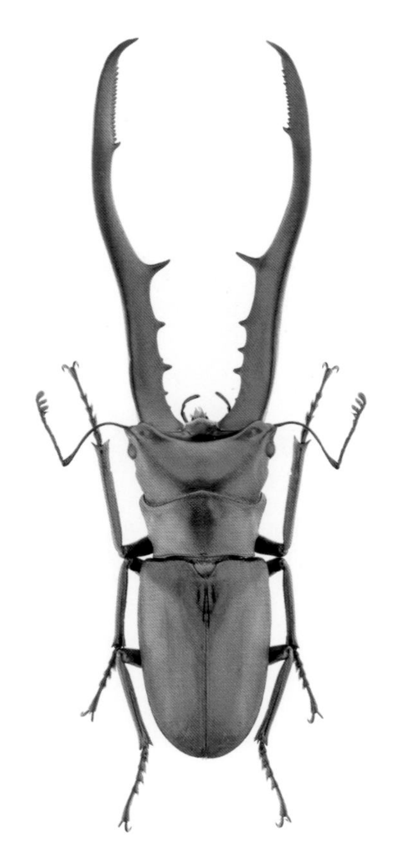

美他利佛细身赤锹甲

Cyclommatus metallifer finae
Mizunuma & Nagai, 1991

美他利佛细身赤锹甲是一种极其张扬的物种，身材细长，全身散发着古铜色或绿色的金属色泽。美他利佛细身赤锹甲被分为六个亚种，多数亚种雄性成虫的体长都可达 90 mm 以上，雄虫大颚的长度甚至可以达到身体的 1.4 倍！

分布概况	印度尼西亚（苏拉威西岛）
雄虫体长	40~100 mm
幼虫期	4~10个月
成虫寿命	5~10个月

活体照▼

表征特写

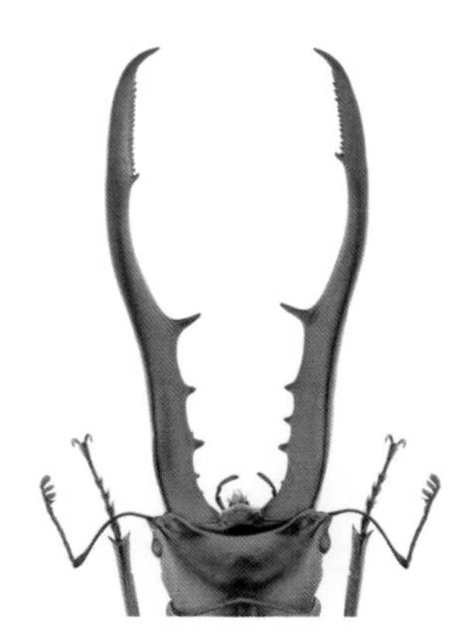

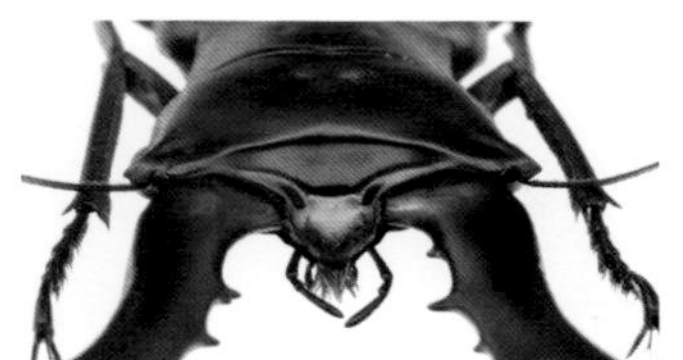

所罗门大头细身赤锹甲

Cyclommatus speciosus anepsius
De Lisle, 1968

大头细身赤锹甲因产地不同分为多个亚种，浑身都散发着古铜色的金属色泽。本种雄性成虫宽大的头部配上短小的胸腹部显得头重脚轻，十分滑稽有趣，大颚弯曲弧度较大且基部有朝向下方的内齿，也十分有特色。

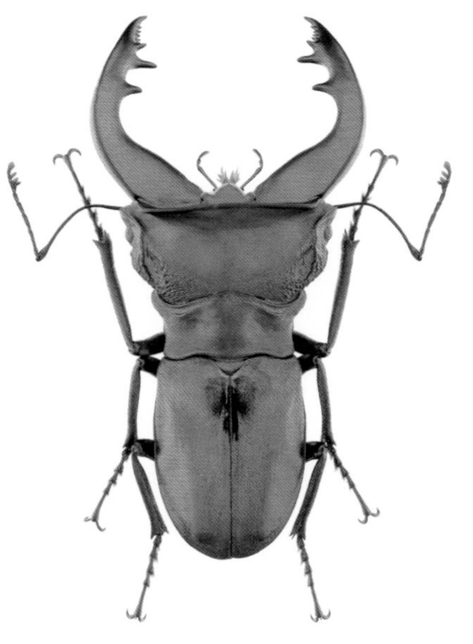

分布概况	所罗门群岛（马基拉岛）
雄虫体长	30~60 mm
幼虫期	3~8个月
成虫寿命	4~10个月

活体照▼

表征特写

帝王细身赤锹甲

Cyclommatus imperator imperator
Boileau, 1905

帝王细身赤锹甲是细身赤属中雄虫体长排得进前三名的物种。其体色有黯淡的古铜色，也有偏红的红铜色。本种雄性成虫修长的大颚弧线十分优美，整体较为粗壮，中段有一对尖锐细长的主内齿。

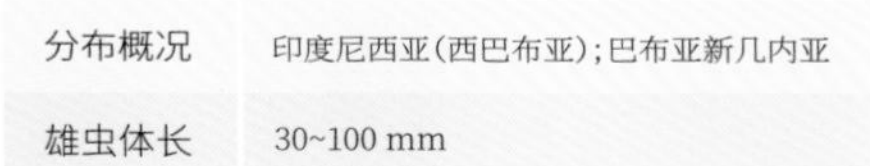

分布概况	印度尼西亚（西巴布亚）；巴布亚新几内亚
雄虫体长	30~100 mm
幼虫期	6~10个月
成虫寿命	5~10个月

活体照▼

表征特写

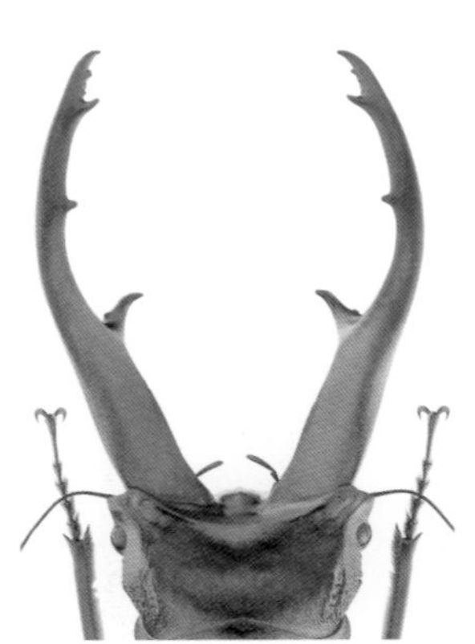

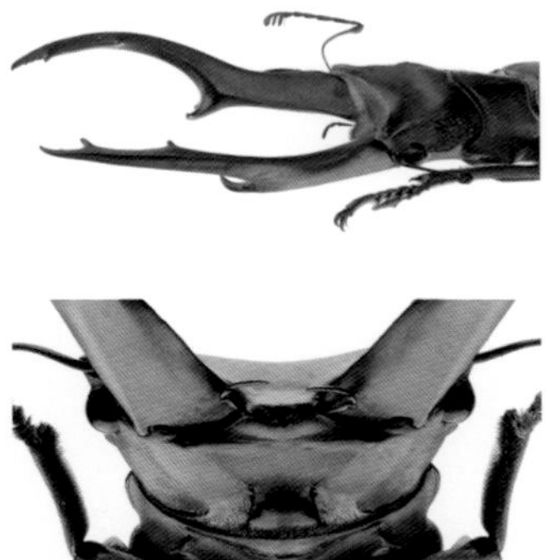

塔兰多斯细身赤锹甲

Cyclommatus tarandus
(Thunberg, 1806)

塔兰多斯细身赤锹甲是细身赤锹甲属中成虫寿命较长的，有超过一年的成虫饲育记录。本种雄性成虫全身散发着茶色的金属光泽，大颚修长且弯曲，主内齿大型且尖锐，大型个体大颚基部有一排细密内齿。

分布概况	马来西亚（东马）、印度尼西亚（加里曼丹）
雄虫体长	25~67 mm
幼虫期	6~10个月
成虫寿命	6~12个月

活体照▼

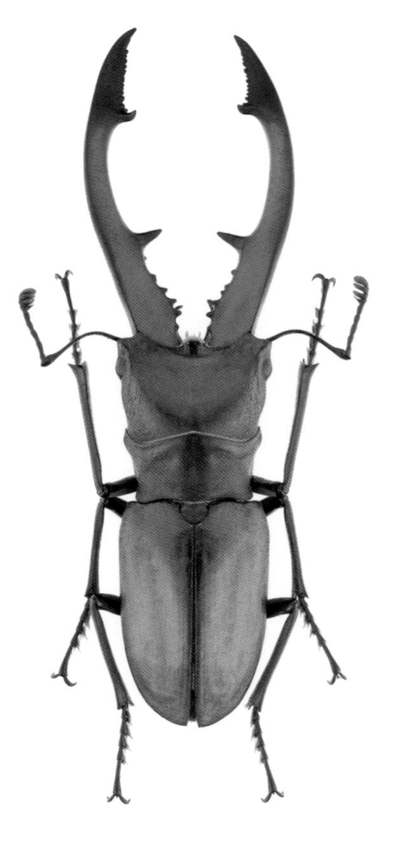

表征特写

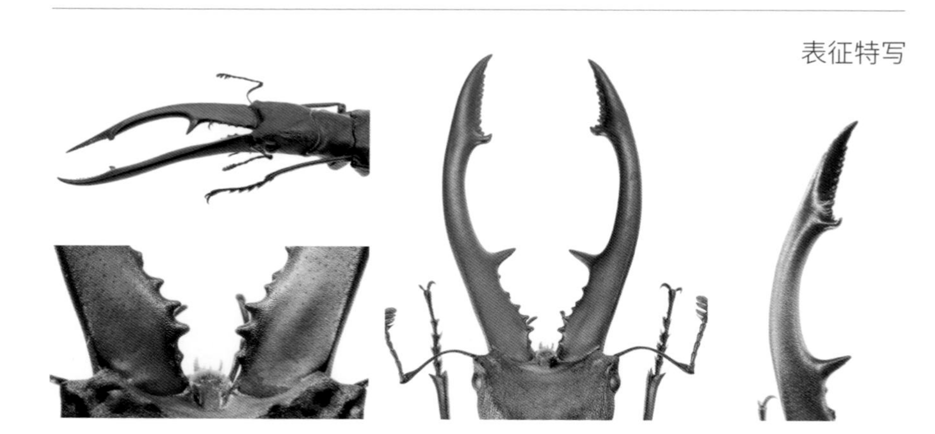

路尼佛细身赤锹甲

Cyclommatus lunifer
Boileau, 1905

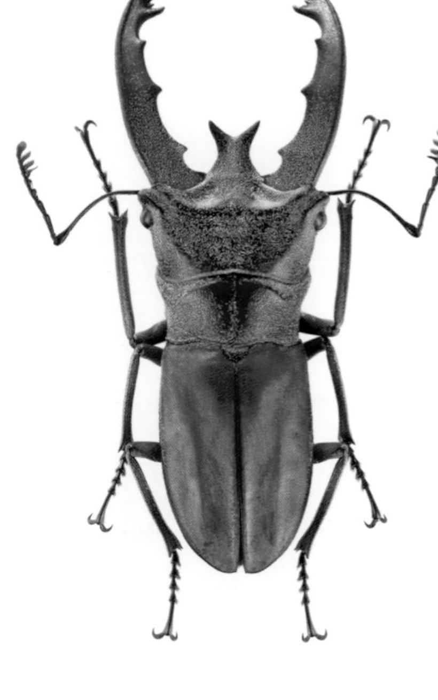

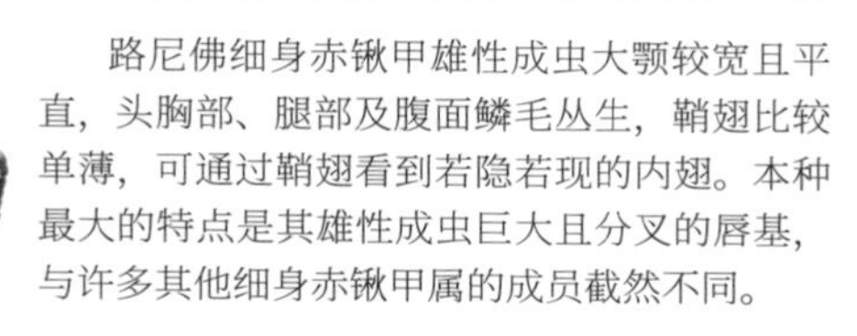

路尼佛细身赤锹甲雄性成虫大颚较宽且平直，头胸部、腿部及腹面鳞毛丛生，鞘翅比较单薄，可通过鞘翅看到若隐若现的内翅。本种最大的特点是其雄性成虫巨大且分叉的唇基，与许多其他细身赤锹甲属的成员截然不同。

分布概况	马来西亚（东马）、印度尼西亚（加里曼丹、苏拉威西岛）、缅甸
雄虫体长	25~50 mm
幼虫期	3~8个月
成虫寿命	4~10个月

活体照▼

表征特写

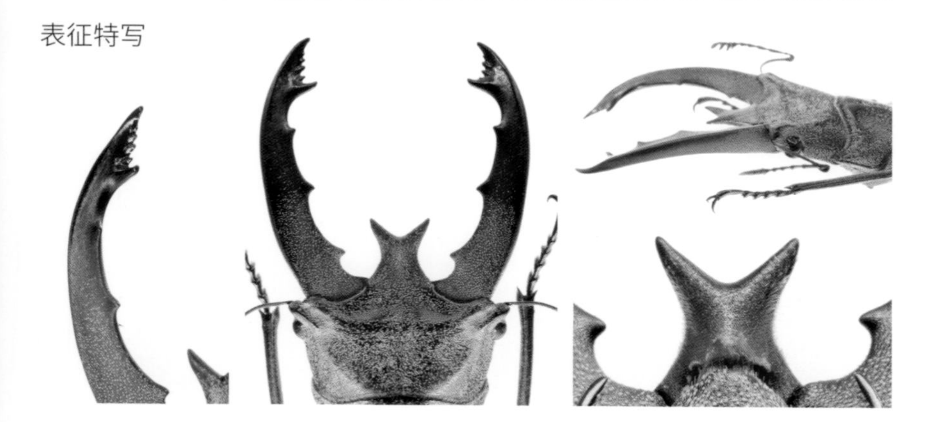

卡耐力细身赤锹甲

Cyclommatus canaliculatus freygesseneri
Ritsema, 1892

卡耐力细身赤锹甲因其产地多为岛屿，不同岛上的种群略有差异，因此被分为了五个亚种。虽然本种与其他细身赤属的成员一样身体散发着金属色泽，但由于其周身密布鳞毛，因此这种金属色泽显得低调很多。

分布概况	印度尼西亚（爪哇岛）
雄虫体长	25~55 mm
幼虫期	3~6个月
成虫寿命	3~4个月

活体照▼

表征特写

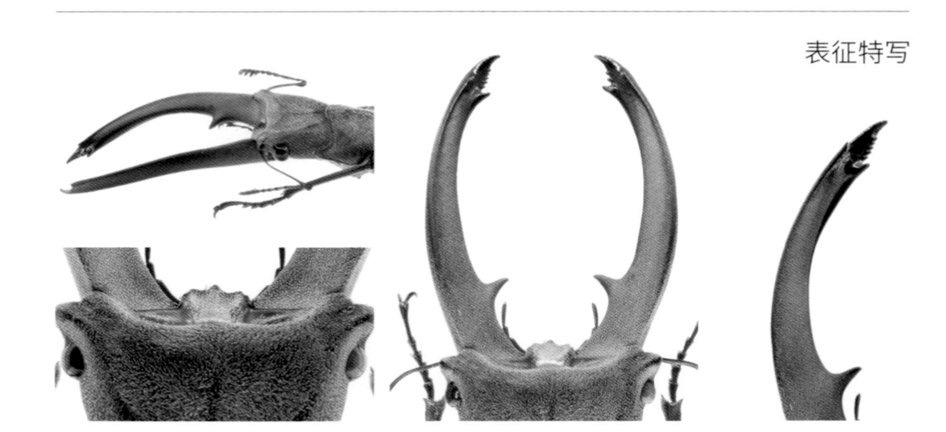

鸡冠细身赤锹甲

Cyclommatus mniszechi
(Thomson, 1856)

鸡冠细身赤锹甲的头部和前胸背板会泛着黄绿色金属光泽，之所以被称为“鸡冠”，是因日文直译而来，与大型雄性成虫头部两侧的额棱突有关。雄性成虫弯曲向下的大颚更使其增添一份独特与魅力。虽然体型不大，性格却十分暴烈。

分布概况	中国（江西、福建、台湾）
雄虫体长	30~60 mm
幼虫期	6~10个月
成虫寿命	6~8个月

活体照▼

表征特写

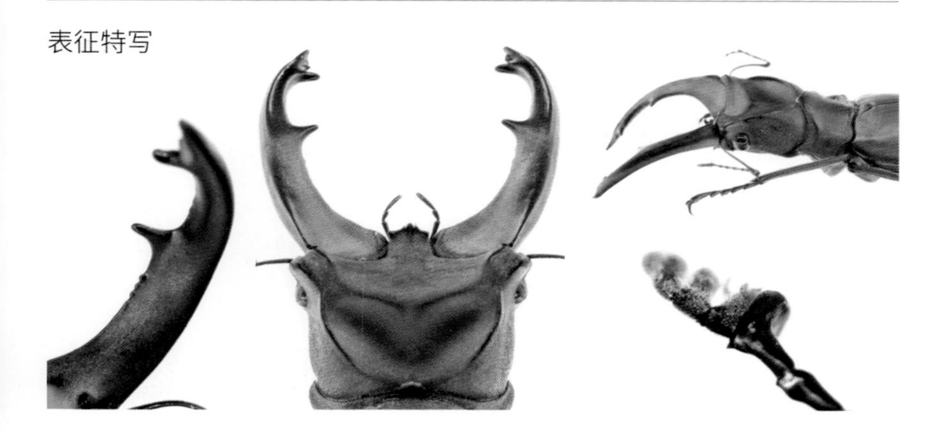

鱼尾纹细身赤锹甲

Cyclommatus scutellaris elsae
Kriesche, 1921

鱼尾纹细身赤锹甲其“鱼尾纹”之名来源于雄性成虫头部两侧的褶皱纹路。除本页所示的大陆亚种外，还有产自我国台湾地区的指名亚种以及越南亚种。它们的主要差别在于雄性成虫前胸背板黑色斑块的形态。

分布概况	中国（广东、广西、贵州、福建、江西、湖北、湖南、重庆、四川等地）
雄虫体长	20~45 mm
幼虫期	6~10个月
成虫寿命	3~5个月

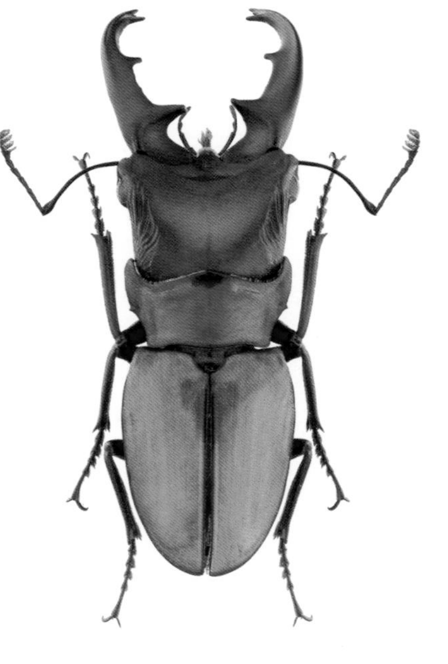

活体照▼

表征特写

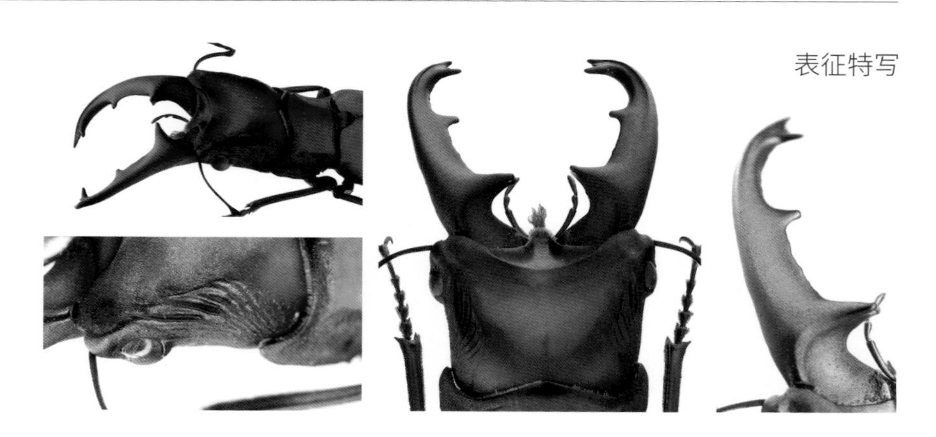

橘背叉角锹甲

Hexarthrius parryi
Hope, 1842

橘背叉角锹甲又被称为“金边叉角锹甲”“派瑞叉角锹甲”“红背叉角锹甲”，本种在原产地数量可观，加上粗壮威武的大颚、漂亮的鞘翅，广受爱好者的喜爱。叉角属锹甲的雄性成虫普遍比较活泼好动，性情暴躁，战斗欲望极强。

分布概况	中国（云南）；孟加拉国、柬埔寨、印度、老挝、缅甸、泰国、越南
雄虫体长	50~95 mm
幼虫期	8~14个月
成虫寿命	5~12个月

活体照▼

表征特写

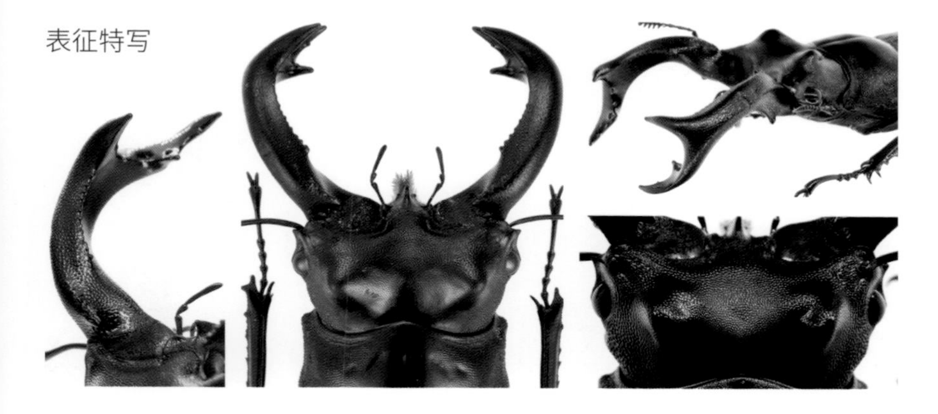

维氏叉角锹甲

Hexarthrius vitalisi tsukamotoi
Nagai, 1998

维氏叉角锹甲的雄虫体型与大颚非常像锯锹甲属的物种。但通过触角的特征就可以与锯锹属区分开来，叉角属的触角鳃片分为了六片，故叉角属也被称为“六节属”，所以本种也被称为“红背六节锹甲”。

分布概况	中国（广西）
雄虫体长	50~87 mm
幼虫期	10~12个月
成虫寿命	6~12个月

活体照▼

表征特写

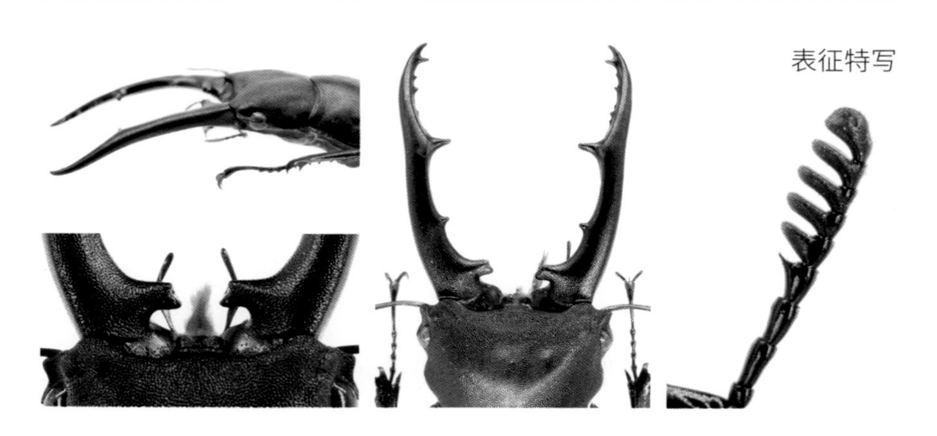

佛斯特叉角锹甲

Hexarthrius forsteri forsteri
(Hope, 1840)

佛斯特叉角锹甲也被称为“佛氏六节锹甲”，外形类似鹿角属的锹甲，其体色有着闪亮如玛瑙般的暗红色，十分漂亮。本种分为三个亚种，除本页中的指名亚种外，还有 *H. forsteri kiyotamii*、*H. forsteri nyishi*。

分布概况	中国（西藏）；印度、缅甸
雄虫体长	37~85 mm
幼虫期	10~14个月
成虫寿命	6~10个月

活体照▼

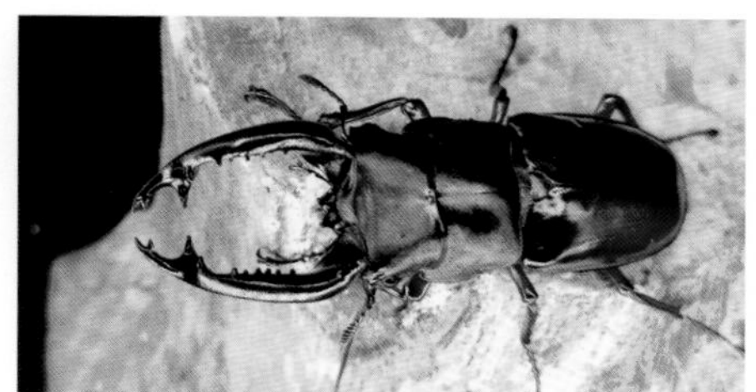

表征特写

巨颚叉角锹甲

Hexarthrius mandibularis mandibularis
Deyrolle, 1881

巨颚叉角锹甲是世界第三大甲虫，雄性成虫体长可达 110 mm 以上，拥有巨大的大颚和暴躁好斗的脾气，受到饲育者的热烈追捧。除本页产自婆罗洲的指名亚种外，还有产自苏门答腊岛的另一个亚种 *H. mandibularis sumatranus*，体型大于指名亚种。

分布概况	马来西亚（东马）、印度尼西亚（加里曼丹）
雄虫体长	60~115 mm
幼虫期	8~14个月
成虫寿命	6~12个月

活体照▼

表征特写

犀牛叉角锹甲

Hexarthrius rhinoceros rhinoceros
(Olivier, 1789)

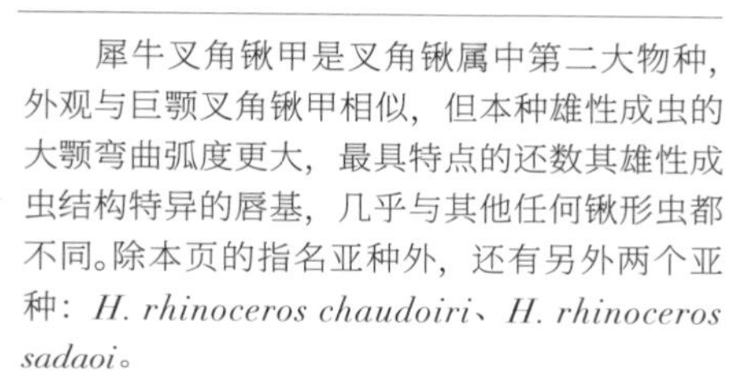

犀牛叉角锹甲是叉角锹属中第二大物种，外观与巨颚叉角锹甲相似，但本种雄性成虫的大颚弯曲弧度更大，最具特点的还数其雄性成虫结构特异的唇基，几乎与其他任何锹形虫都不同。除本页的指名亚种外，还有另外两个亚种：*H. rhinoceros chaudoiri*、*H. rhinoceros sadaoi*。

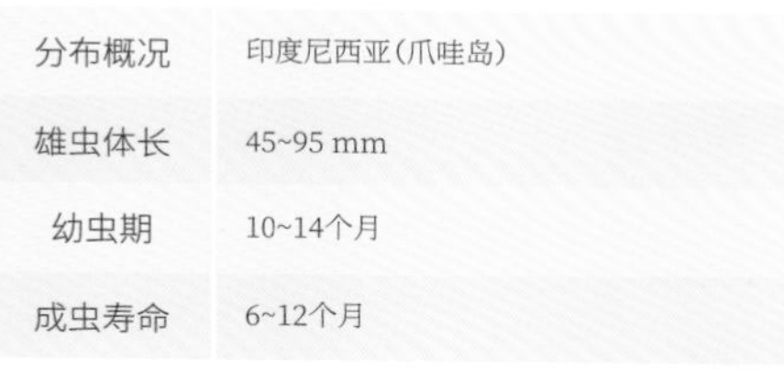

分布概况	印度尼西亚(爪哇岛)
雄虫体长	45~95 mm
幼虫期	10~14个月
成虫寿命	6~12个月

活体照 ▼

表征特写

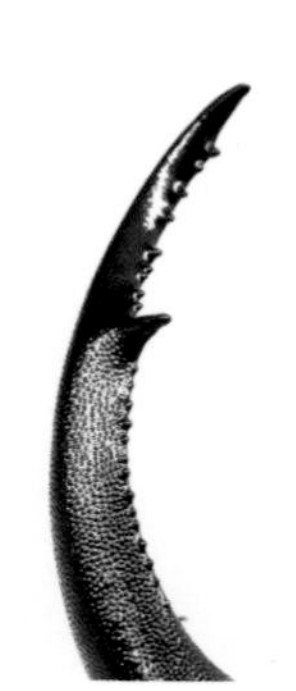

黑叉角锹甲

Hexarthrius buqueti
(Hope, 1843)

黑叉角锹甲与橘背叉角锹甲雄性成虫外观相似，两者的头部都有一对山峰状突起。除了鞘翅颜色不同外，两者雄性成虫的唇基形态也不相同。橘背叉角锹甲的唇基呈箭头状，而后者的唇基前端分叉。和大部分叉角属物种一样，只要挑选合适的繁殖介质，饲育没有太大难度。

分布概况	印度尼西亚(爪哇岛)
雄虫体长	50~87 mm
幼虫期	10~14个月
成虫寿命	6~12个月

活体照▼

表征特写

毛胸鬼锹甲

Prismognathus siniaevi
Ikeda, 1997

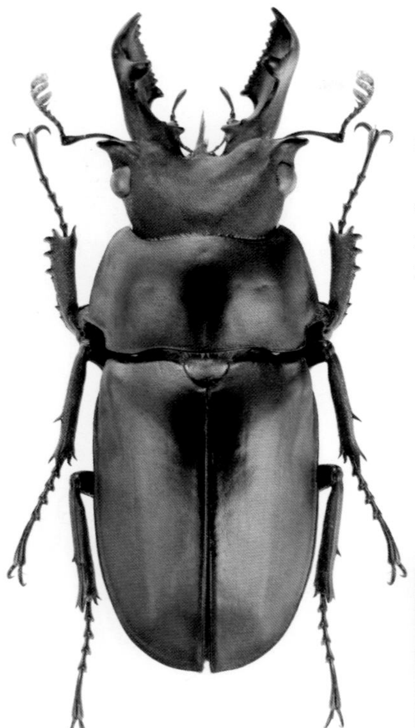

鬼锹甲属的成员大多带有古铜般的金属光泽，雄性成虫的大颚比较有立体感。毛胸鬼锹甲雄性成虫眼缘斜前方有明显的三角状突起物，腹面分布细密鳞毛成为其最主要的特点。大部分鬼锹甲都是易于饲育的短周期物种，不过成虫寿命也很短。

分布概况	中国(云南)
雄虫体长	20~30 mm
幼虫期	4~6个月
成虫寿命	1~2个月

活体照▼

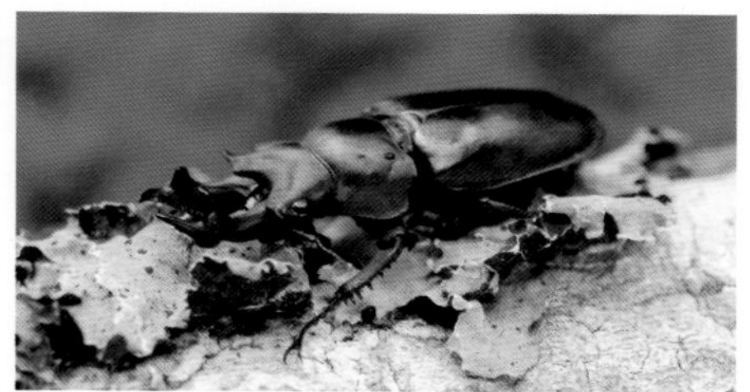

表征特写

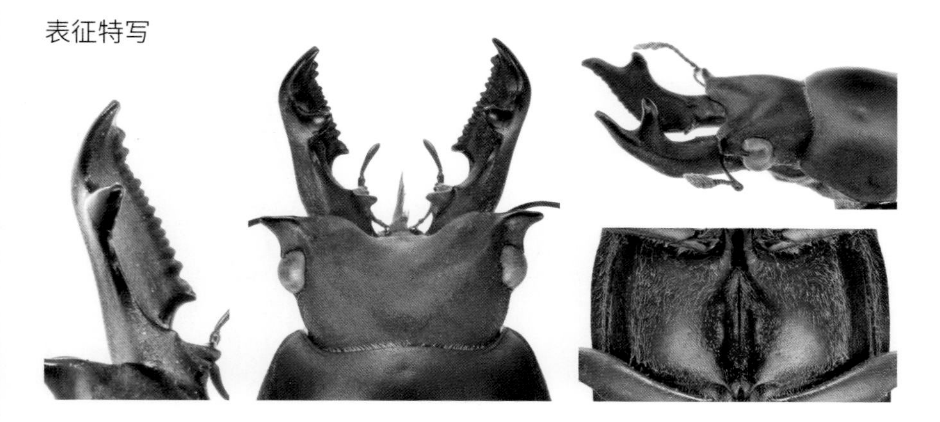

东北鬼锹甲

Prismognathus dauricus
(Motschulsky, 1860)

东北鬼锹甲产自我国高纬度高寒的东北地区、朝鲜半岛以及俄罗斯远东地区。虽然雄性成虫与毛胸鬼锹甲较为相似，但相比之下，本种雄性成虫大颚长直，弯曲幅度不大，前胸背板边缘呈直线，且腹面光滑无毛。

分布概况	中国(辽宁)；朝鲜半岛、俄罗斯
雄虫体长	30~35 mm
幼虫期	4~6个月
成虫寿命	1~2个月

活体照▼

表征特写

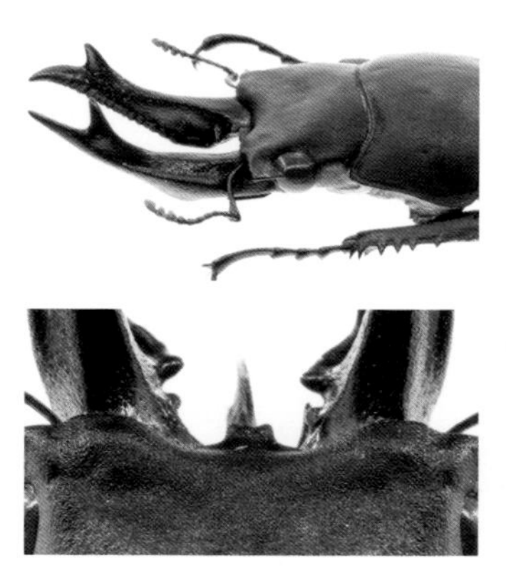

三齿圆翅锹甲

Neolucanus fuscus
Didier, 1926

三齿圆翅锹甲又被称为“小龙牙圆翅锹甲”“黄边龙牙圆翅锹甲”，有黄色和黑色两种类型。“三齿”之名来源于其大个体雄性成虫的大颚在前端有三个朝向不同方向的大齿突。黑色个体全身光漆黑，黄色个体鞘翅两侧有大面积黄色斑块。

分布概况	中国（广西）；越南
雄虫体长	30~35 mm
幼虫期	不详
成虫寿命	2~3个月

活体照▼

表征特写

中华大圆翅锹甲

Neolucanus perarmatus goral
Didier, 1925

中华大圆翅锹甲分为多个亚种，本页所示是产自浙江、福建的斑羚亚种。本种雄性成虫体型较大，身材厚实圆润，大颚齿突多且锋利，很受爱好者喜爱。与其他多在夏季出没的锹甲不同，中华大圆翅锹甲在原产地多出现于八月末至九月。

分布概况	中国（浙江、福建）
雄虫体长	50~75 mm
幼虫期	10~12个月
成虫寿命	4~6个月

活体照▼

表征特写

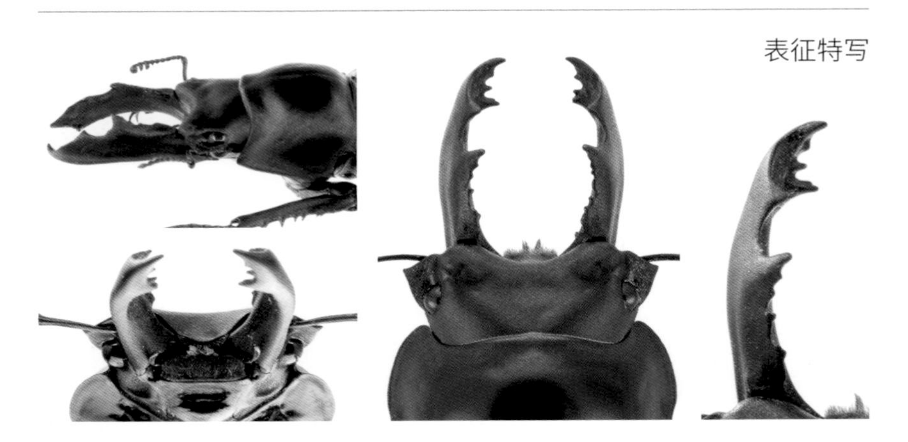

派瑞圆翅锹甲

Neolucanus parryi
Leuthner, 1885

派瑞圆翅锹甲是我国南方地区较为常见的圆翅锹甲。本种雌雄成虫的鞘翅皆为亮黄色且中部有“V”字形黑斑。雄性成虫大颚细小，雌性成虫大颚锋利。本种虽然在野外的数量十分可观，但人工繁育则一直没有好的办法。

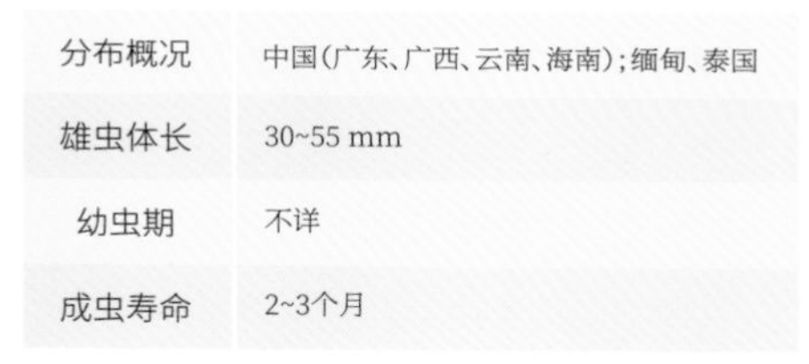

分布概况	中国（广东、广西、云南、海南）；缅甸、泰国
雄虫体长	30~55 mm
幼虫期	不详
成虫寿命	2~3个月

活体照▼

表征特写

狭长前锹甲

Epidorcus gracilis
(Saunders, 1854)

狭长前锹甲是一种中小型锹甲，虽然体型不大，但是其雄性成虫又细又长的大颚使其拥有非常漂亮的比例，细长的大颚也是本种名称的由来。本种是一种十分易于繁育的锹甲，不需要特殊技巧即可饲育出长齿形个体。

分布概况	中国（浙江、福建、广东、广西、四川、重庆）
雄虫体长	20~55 mm
幼虫期	8~10个月
成虫寿命	6~10个月

活体照▼

表征特写

并基齿前锹甲

Epidorcus tonkinensis
(Pouillade, 1913)

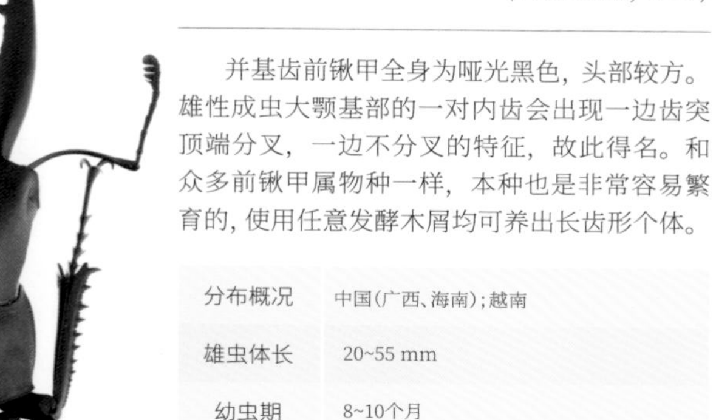

并基齿前锹甲全身为哑光黑色，头部较方。雄性成虫大颚基部的一对内齿会出现一边齿突顶端分叉，一边不分叉的特征，故此得名。和众多前锹甲属物种一样，本种也是非常容易繁育的，使用任意发酵木屑均可养出长齿形个体。

分布概况	中国（广西、海南）；越南
雄虫体长	20~55 mm
幼虫期	8~10个月
成虫寿命	6~10个月

活体照▼

表征特写

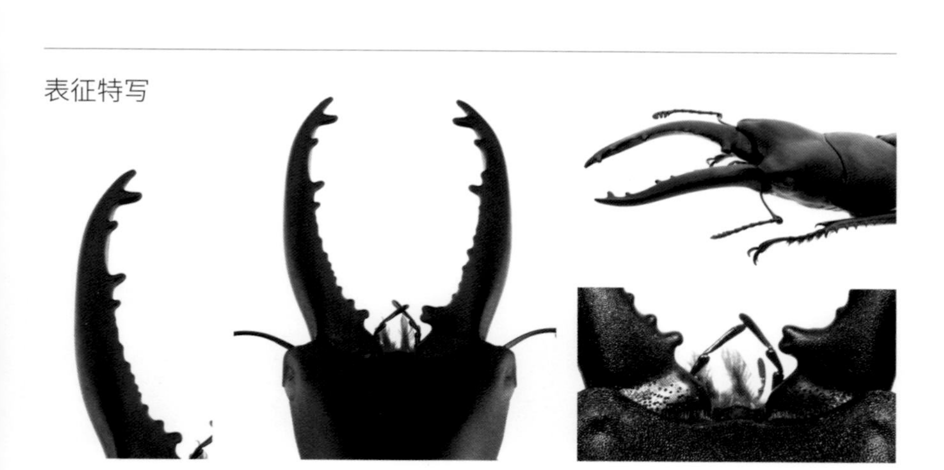

广东肥角锹甲

Aegus kuangtungensis
Nagel, 1925

虽然本种被称为广东肥角锹甲，但其分布地不仅仅只在广东，我国浙江、湖南、广西、云南等地都有分布。虽然体型不大，但是其大颚的形态却十分漂亮，俨然一副微型猛兽的气概。本种野外种群数量很大，但人工繁育技巧尚未突破。

分布概况	中国（浙江、湖南、广西、广东、云南等地）
雄虫体长	15~35 mm
幼虫期	6~10个月
成虫寿命	6~12个月

活体照▼

表征特写

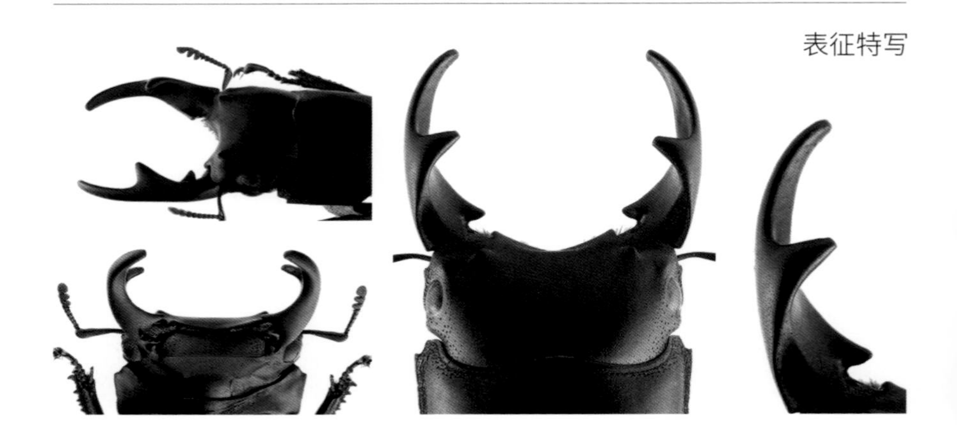

星肥角锹甲

Aegus platyodon
(Parry, 1864)

星肥角锹甲是肥角锹甲属中体型较大的物种，因其雄虫大颚主齿突形状类似星形，故名“星肥角”。本种雄虫鞘翅布满纵向条纹和刻点，在肥角锹甲属中也是比较容易饲育的物种，极具收藏和观赏价值。

分布概况	印度尼西亚（西巴布亚）、巴布亚新几内亚
雄虫体长	30~55 mm
幼虫期	8~12个月
成虫寿命	6~8个月

活体照▼

表征特写

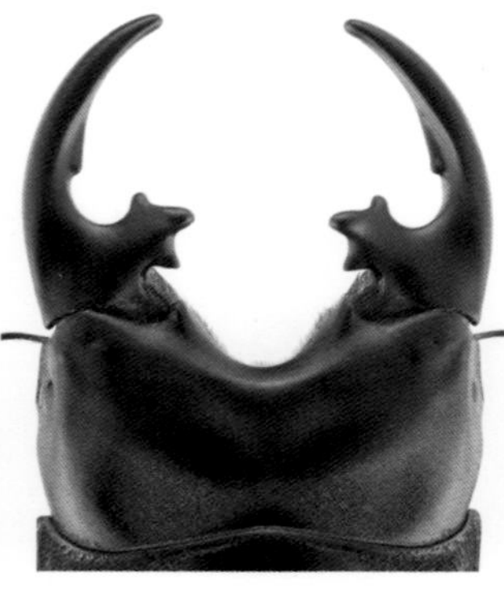

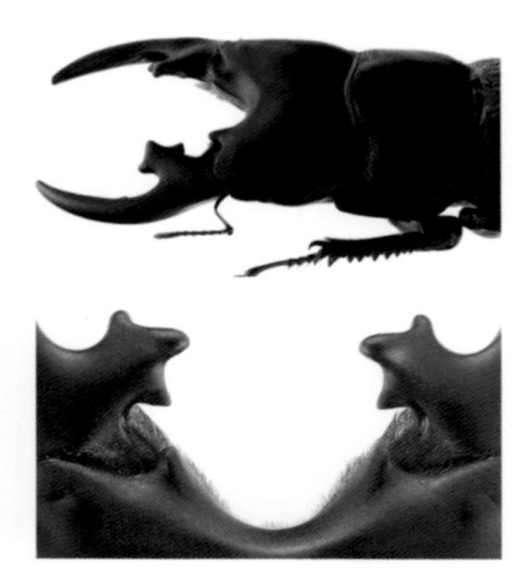

莫索里黄金鬼锹甲

Allotopus moellenkampi moseri
Möllenkamp, 1906

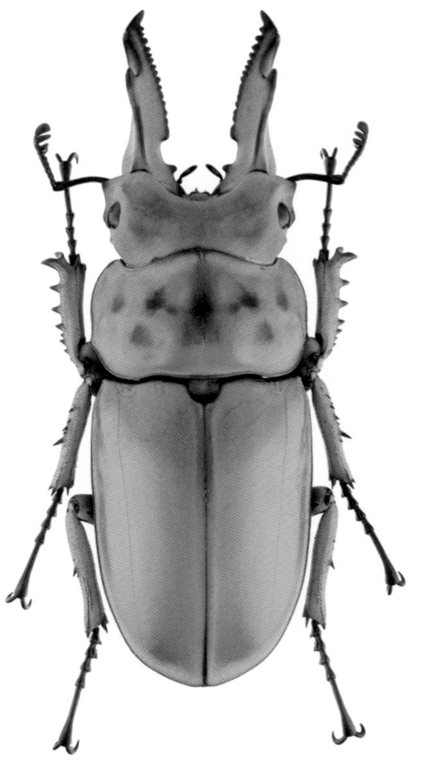

莫索里黄金鬼锹甲是莫兰坎比黄金鬼锹甲 *A. moellenkampi* 中体型最大的亚种，主要分布在马来西亚金马伦高原。与黄金鬼锹甲的其他种类一样，本种的繁育也需要使用云芝产木或菌包，但产卵量相较其他锹甲来说较低。

分布概况	马来西亚(西马)、泰国
雄虫体长	40~80 mm
幼虫期	8~10个月
成虫寿命	3~6个月

活体照▼

表征特写

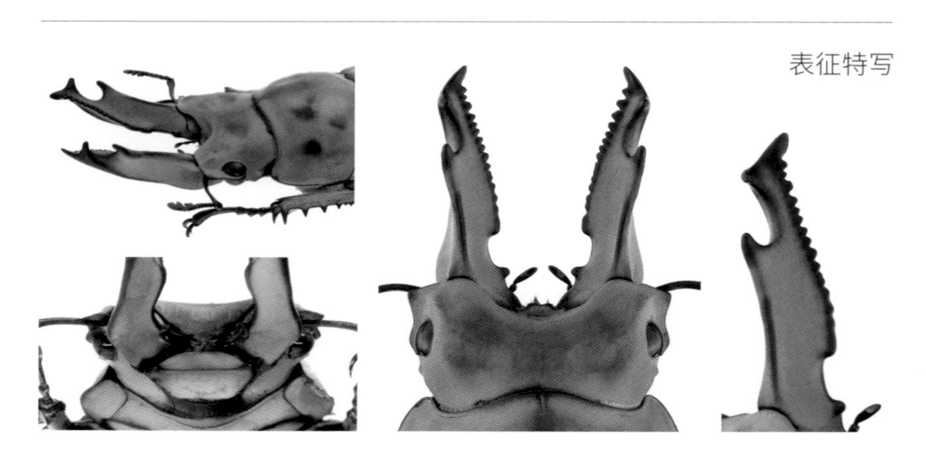

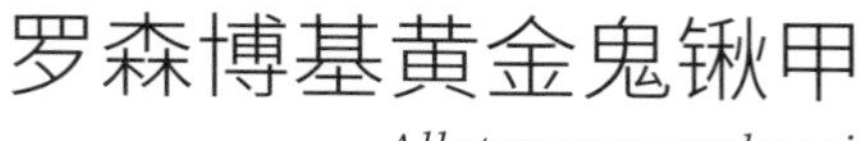

罗森博基黄金鬼锹甲

Allotopus rosenbergi
(Vollenhoven, 1872)

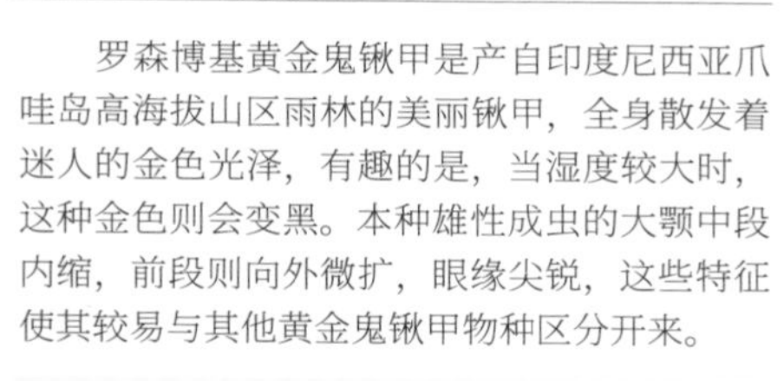

罗森博基黄金鬼锹甲是产自印度尼西亚爪哇岛高海拔山区雨林的美丽锹甲，全身散发着迷人的金色光泽，有趣的是，当湿度较大时，这种金色则会变黑。本种雄性成虫的大颚中段内缩，前段则向外微扩，眼缘尖锐，这些特征使其较易与其他黄金鬼锹甲物种区分开来。

分布概况	印度尼西亚（爪哇岛）
雄虫体长	40~80 mm
幼虫期	8~12个月
成虫寿命	8~12个月

活体照▼

表征特写

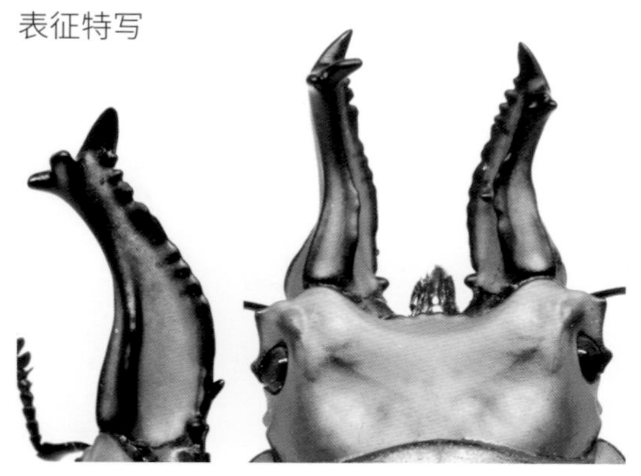

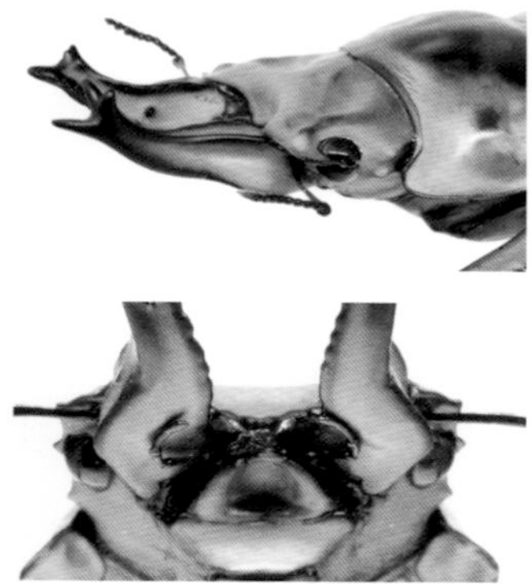

黄金鹿角锹甲

Rhaetulus crenatus rubrifemoratus
Nagai, 2000

黄金鹿角锹甲又被称为“鹿角锹甲华南亚种”，雄性成虫巨大的大颚十分有特色，鞘翅有大面积色块，大多数呈现黄色，仅有少部分个体会呈现红色，而雌性成虫则浑身漆黑，很不起眼。鹿角锹甲虽然长相英武，但却生性文静。

分布概况	中国（湖南、福建、广东、广西、江西、贵州、海南）
雄虫体长	25~65 mm
幼虫期	6~10个月
成虫寿命	6~12个月

活体照▼

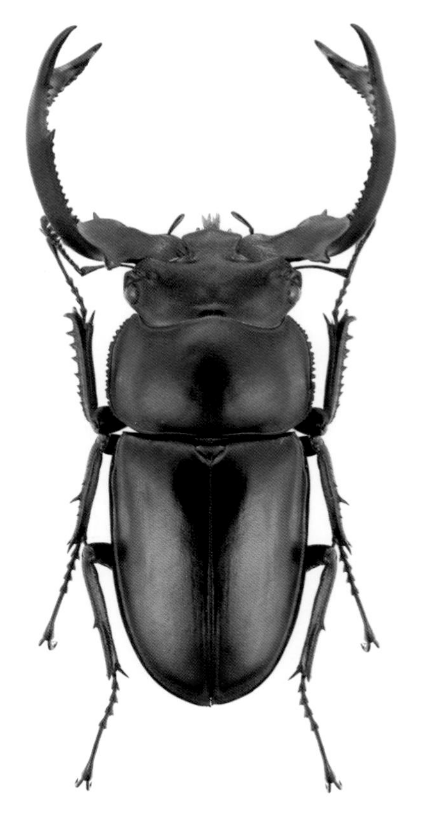

表征特写

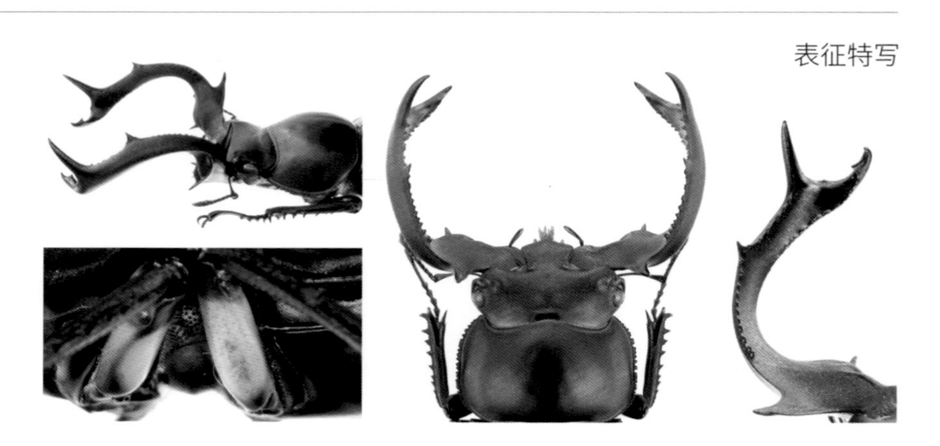

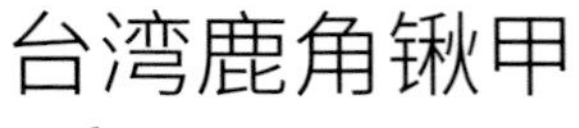

台湾鹿角锹甲

Rhaetulus crenatus crenatus
Westwood, 1871

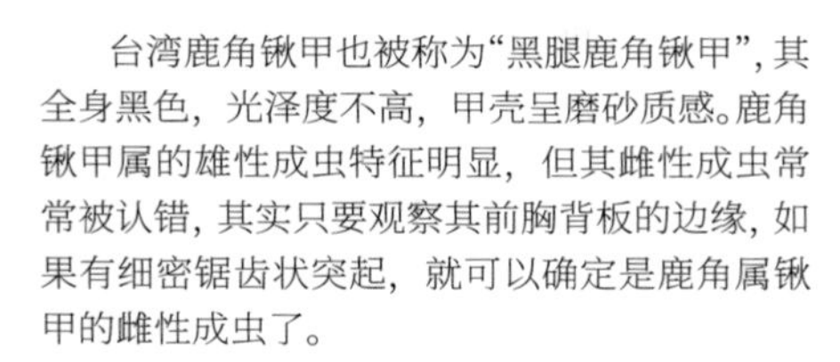

台湾鹿角锹甲也被称为“黑腿鹿角锹甲”，其全身黑色，光泽度不高，甲壳呈磨砂质感。鹿角锹甲属的雄性成虫特征明显，但其雌性成虫常常被认错，其实只要观察其前胸背板的边缘，如果有细密锯齿状突起，就可以确定是鹿角属锹甲的雌性成虫了。

分布概况	中国(台湾)
雄虫体长	30~60 mm
幼虫期	6~10个月
成虫寿命	6~12个月

活体照▼

表征特写

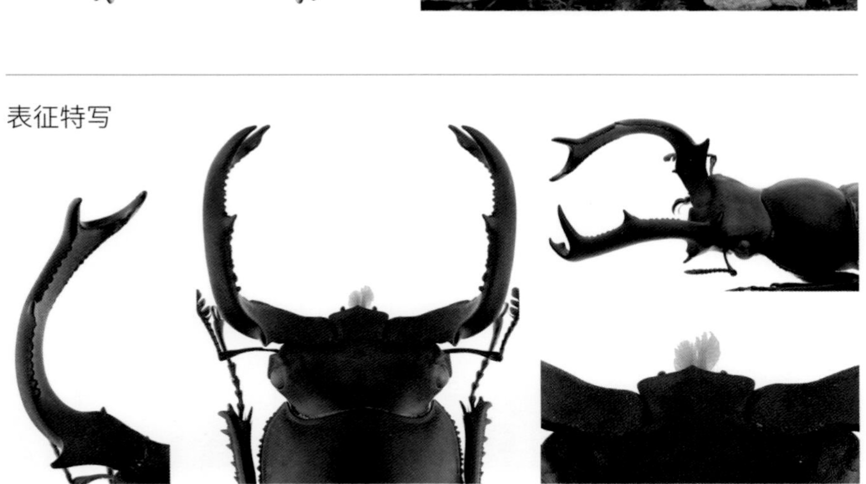

印尼金锹甲

Lamprima adolphinae
(Gestro, 1875)

印尼金锹甲在原产地喜欢聚集在田野间随处可见的菊科植物——野茼蒿上。雄性成虫有一种可以切断野茼蒿茎的工具，那就是大颚及生长在前足上的扇形结构——被称为“距”的附生物。在雌雄交配时，雄性成虫首先用大颚把茎夹住，接着再利用前足上的“距”将茎切断，以供配偶吮吸从缺口处流出的汁液。

分布概况	印度尼西亚(西巴布亚)、巴布亚新几内亚
雄虫体长	25~60 mm
幼虫期	3~6个月
成虫寿命	6~12个月

活体照▼

表征特写

澳洲金锹甲

Lamprima aurata
Latreille, 1817

在澳大利亚的维多利亚州，本种只有绿色，而在塔斯马尼亚州，同一物种可以出现红色、金红色、棕色和绿色。在塔斯马尼亚州，本种也被称为“圣诞甲虫”，因其发生期在圣诞节和新年期间。

分布概况	澳大利亚
雄虫体长	25~40 mm
幼虫期	3~6个月
成虫寿命	6~24个月

活体照▼

表征特写

彩虹锹甲

Phalacrognathus muelleri
(MacLeay, 1885)

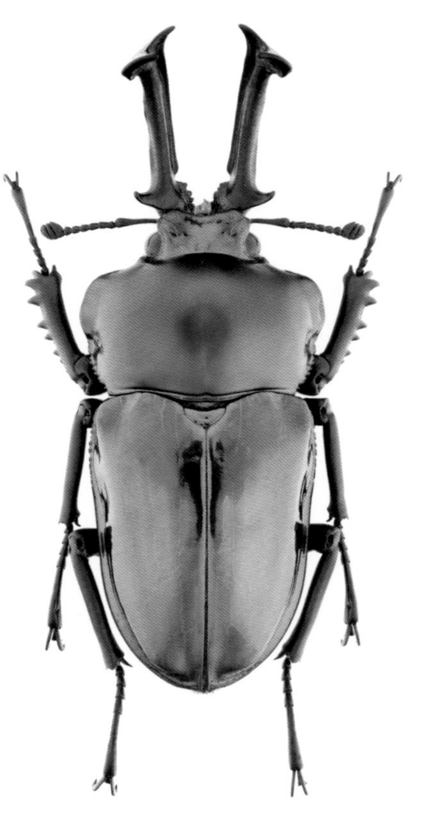

彩虹锹甲原产地在澳大利亚，该国禁止任何野生动植物出境，所以彩虹锹甲曾是世界上最珍稀的昆虫之一。据说日本的饲育者将虫卵藏于头发中带出，再加上该物种繁育技术十分简单，现如今彩虹锹甲是非常普通的宠物甲虫，而且培育出了多种色系，非常值得收藏。

分布概况	澳大利亚（昆士兰州）
雄虫体长	30~70 mm
幼虫期	6~10个月
成虫寿命	12~18个月

活体照▼

表征特写

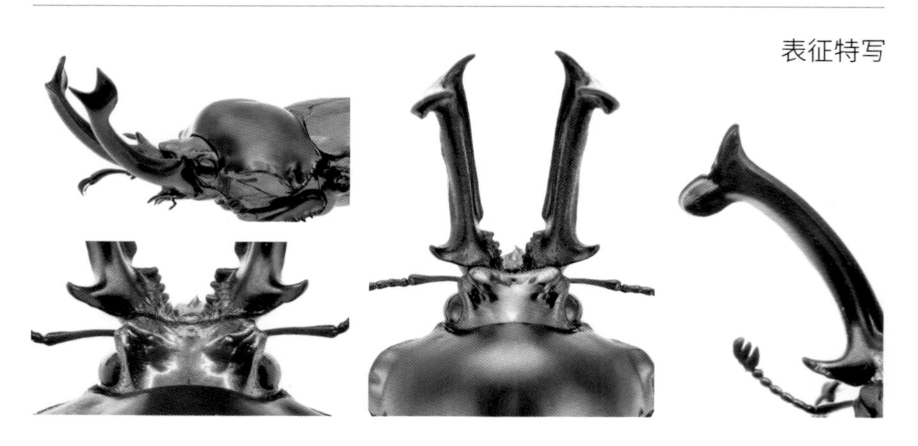

澳洲花锹甲

Rhyssonotus nebulosus
(Kirby, 1818)

澳洲花锹甲是一种非常有趣的小型锹甲，其鞘翅上有着非常漂亮的黑黄色相间的花纹，前胸背板的花纹竟然像一只脸红的小熊头像，特别有趣。本种的幼虫期比较短，羽化后的成虫几乎不进食。

分布概况	澳大利亚（昆士兰州）
雄虫体长	20~30 mm
幼虫期	7~9个月
成虫寿命	3~6个月

活体照▼

表征特写

泽井小锹甲

Sinodorcus sawaii
(Tsukawaki, 1999)

泽井小锹甲也被称为“多刺刀锹甲”，在一些分类体系中，本种被划分在 *Dorcus* 属中，本书所采用的是较新的分类体系，将其列为一个独立的属——多刺刀锹属 *Sinodorcus*。本种雄性成虫的大颚细小却极具特色，外形如同一把锋利的匕首。

分布概况	中国（浙江、福建）；越南
雄虫体长	25~43 mm
幼虫期	8~10个月
成虫寿命	12~24个月

活体照▼

表征特写

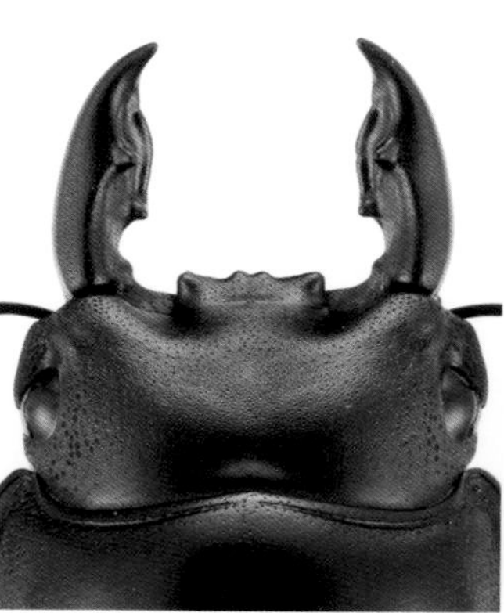

史宾斯钳锹甲

Kirchnerius spencei
(Hope, 1840)

史宾斯钳锹甲是一种中小型锹甲，在不同的分类体系中，本种也被划分在 *Prosopocoilus* 属中，大多数情况下，雄性成虫呈现出本页所示的短齿形，但也有长齿形个体，长齿形个体大颚弯曲且无细密内齿。

分布概况	中国（广西、云南、四川、西藏）
雄虫体长	25~50 mm
幼虫期	8~10个月
成虫寿命	8~12个月

活体照▼

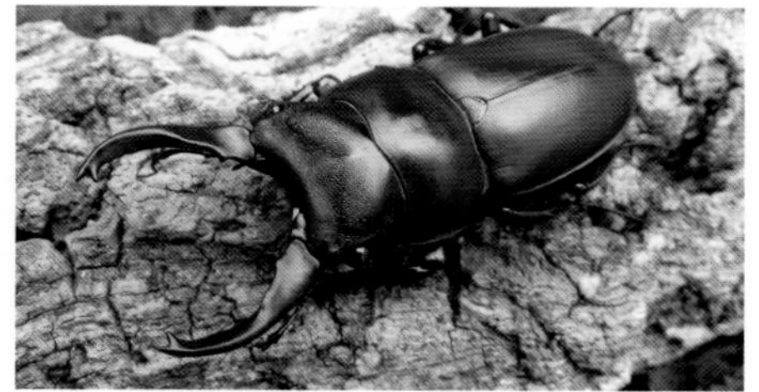

※ 长齿形雄性成虫

表征特写

智利长牙锹甲

Chiasognathus granti
Stephens, 1831

长牙锹甲属*Chiasognathus*包括七个物种，均为南美洲南部特有物种。本种在受到刺激或威胁时，可通过鞘翅与腹部的摩擦发出威胁声，与新大陆其他属的锹甲区别在于其触角鳃片具有六节，并且在触柄处长有细长鳞毛。

分布概况	智利、阿根廷
雄虫体长	30~90 mm
幼虫期	不详
成虫寿命	不详

活体照▼

表征特写

长牙四眼锹甲

Sphaenognathus feisthameli
(Guérin-Méneville, 1838)

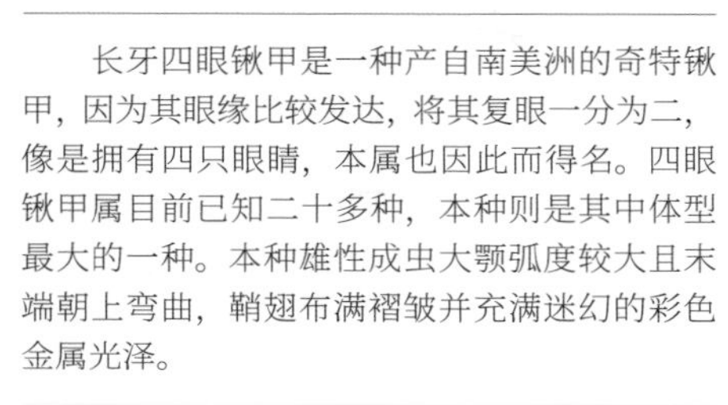

长牙四眼锹甲是一种产自南美洲的奇特锹甲，因为其眼缘比较发达，将其复眼一分为二，像是拥有四只眼睛，本属也因此而得名。四眼锹甲属目前已知二十多种，本种则是其中体型最大的一种。本种雄性成虫大颚弧度较大且末端朝上弯曲，鞘翅布满褶皱并充满迷幻的彩色金属光泽。

分布概况	秘鲁、哥伦比亚、厄瓜多尔、玻利维亚等地
雄虫体长	40~80 mm
幼虫期	不详
成虫寿命	不详

活体照▼

表征特写

螃蟹锹甲

Homoderus mellyi
Parry, 1862

螃蟹锹甲是一种非常具有特色的中型锹甲，因其雄性成虫发达的前额棱突与宽阔的脑袋，也被称为“面具锹甲”。本种繁育简单，幼虫周期短，羽化后的成虫在原生状态下为了躲避旱季而演化出长达 4~6 个月的蛰伏期。

分布概况	喀麦隆、刚果、中非
雄虫体长	30~60 mm
幼虫期	4~8个月
成虫寿命	6~12个月

活体照▼

表征特写

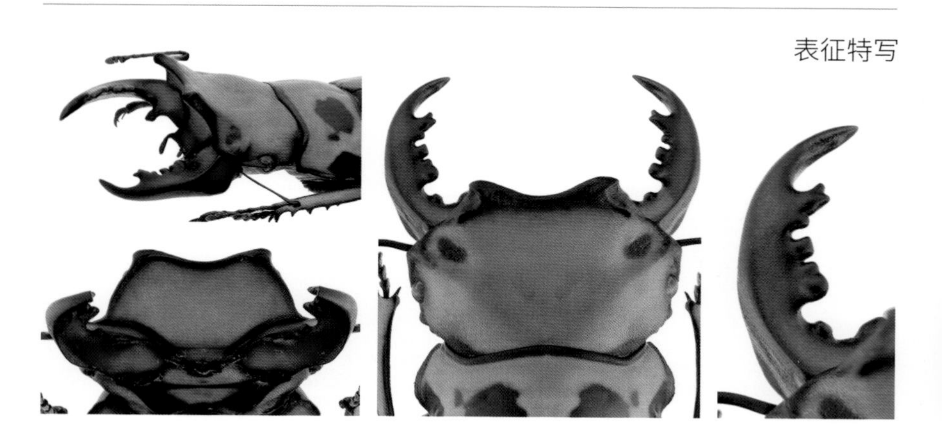

双钩锹甲

Miwanus formosanus capricornus
(Didier, 1931)

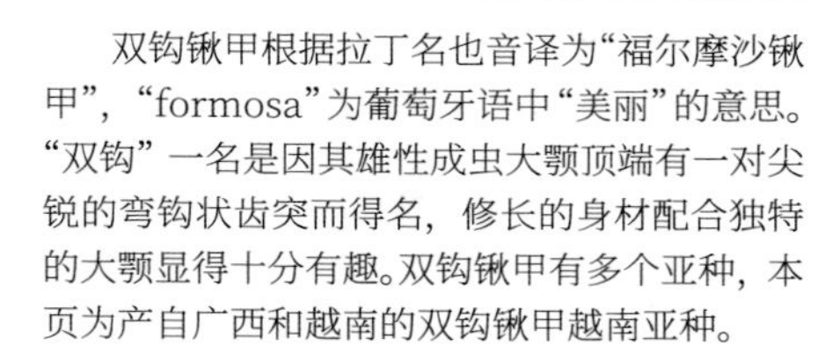

双钩锹甲根据拉丁名也音译为“福尔摩沙锹甲”，“formosa”为葡萄牙语中“美丽”的意思。“双钩”一名是因其雄性成虫大颚顶端有一对尖锐的弯钩状齿突而得名，修长的身材配合独特的大颚显得十分有趣。双钩锹甲有多个亚种，本页为产自广西和越南的双钩锹甲越南亚种。

分布概况	中国(广西)；越南
雄虫体长	25~37 mm
幼虫期	6~10个月
成虫寿命	6~12个月

活体照▼

表征特写

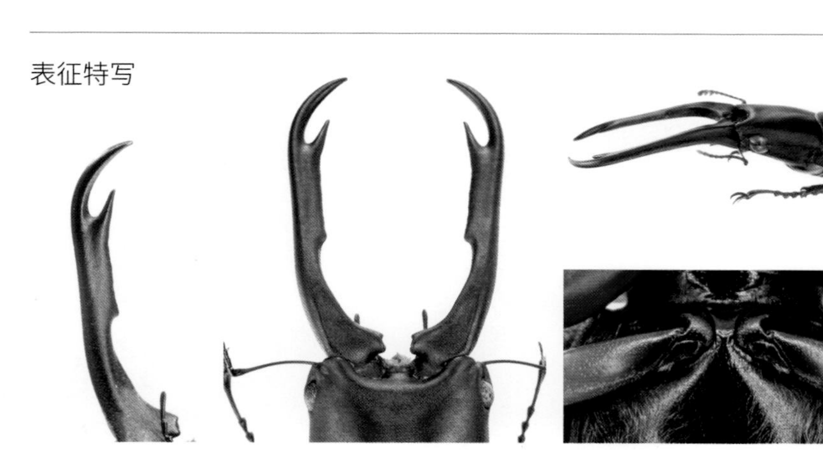

斯坦海尔黑艳锹甲

Cantharolethrus steinheili
Parry, 1875

斯坦海尔黑艳锹甲也被称为“秘鲁长须锹甲”，雄性成虫一对长度夸张的触角使其获得了这一俗名。全身钢琴烤漆般的闪亮黑色也使其获得了“南美黑艳锹甲”的盛誉。很多新大陆锹形虫的活体和繁育技巧一直尚未普及。

分布概况	秘鲁、哥伦比亚
雄虫体长	30~55 mm
幼虫期	不详
成虫寿命	不详

活体照▼

表征特写

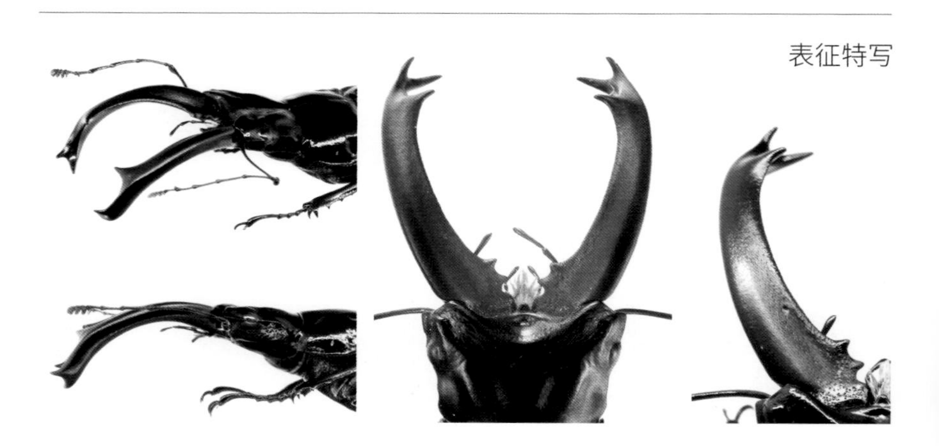

大黑艳锹甲

Mesotopus tarandus tarandus
（Swederus,1787）

大黑艳锹甲是非洲体型最大的锹甲，雄性成虫体长可达 90 mm 以上，加之浑身漆黑闪亮的体色如同钢琴烤漆般令人陶醉，也使其赢得了“大黑艳”之名。本种成虫还有一个有趣的特点：当受到惊扰时会摩擦头部与前胸的连接处，产生类似手机静音模式下的震动。

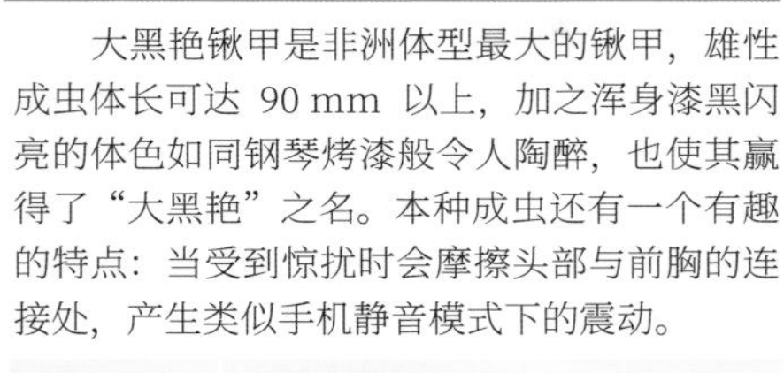

分布概况	中非、刚果（布）、刚果（金）、喀麦隆、赤道几内亚、加蓬等地
雄虫体长	45~90 mm
幼虫期	6~10个月
成虫寿命	8~12个月

活体照 ▼

表征特写

红腿漆黑拟鹿锹甲

Pseudorhaetus sinicus sinicus
(Boileau,1899)

红腿漆黑拟鹿锹甲是一种分布在我国南部的中型锹甲，其体表光滑闪亮，雄性成虫弯曲的大颚与鹿角锹甲比较类似，但也有较大差异，这也正是本属“拟鹿属”的由来。本种红色的足部使其与中国台湾地区的漆黑拟鹿角锹甲容易区分开来。

分布概况	中国（福建、浙江、贵州、广西等地）
雄虫体长	28~70 mm
幼虫期	8~10个月
成虫寿命	6~12个月

活体照▼

表征特写

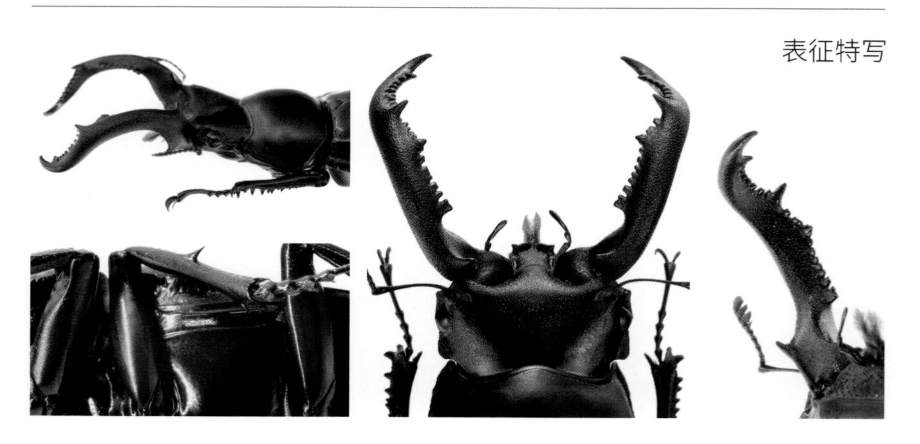

牧由美子锹甲

Yumikoi makii
Arnaud & Miyaa, 2006

牧由美子锹甲是 2006 年才被发表的新种，是一种介于鹿角属与叉角属间的过渡独立属。粗看之下，其雄性成虫与橘背叉角锹甲十分相似，但是本种触角鳃片为四节，而作为叉角锹甲属的橘背叉角锹甲的触角鳃片为六节。

分布概况	越南
雄虫体长	40~74 mm
幼虫期	8~10个月
成虫寿命	6~12个月

活体照▼

表征特写

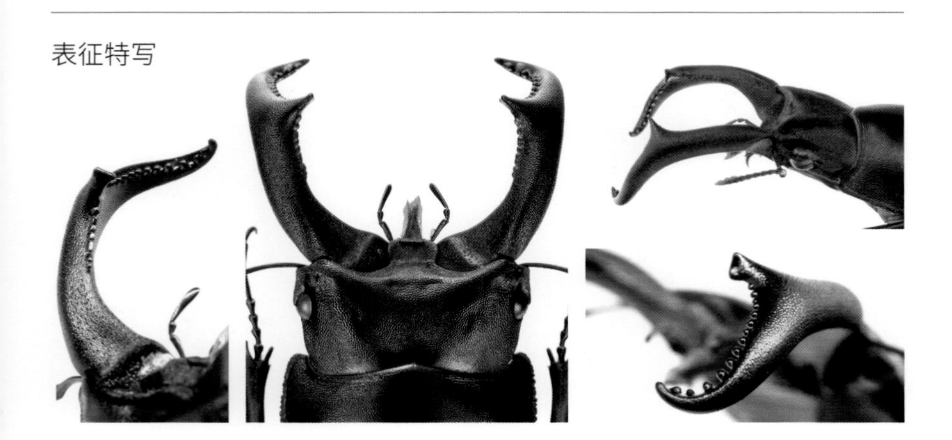

金刚鹿角锹甲

Rhaetus westwoodi kazumiae
Nagai, 2000

金刚鹿角锹甲也被称为“巨鹿锹甲”，除了本页中的独龙江亚种外，还有指名亚种。本种雄性成虫大颚十分夸张漂亮，加上漆黑闪亮的身体和稀少的数量，成为爱好者中极受追捧的“神物”。不过随着人工繁育技术的破解，获得这一“神物”已没原来那么困难了。

分布概况	中国（西藏、云南）；印度、缅甸
雄虫体长	60~95 mm
幼虫期	14~18个月
成虫寿命	6~8个月

活体照▼

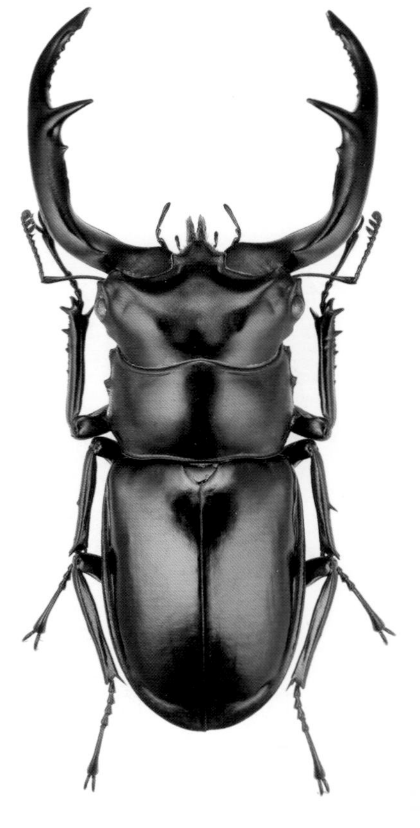

表征特写

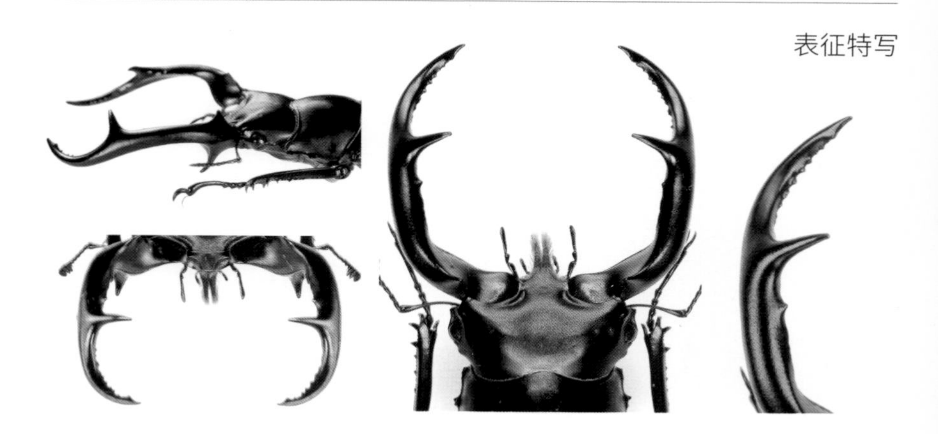

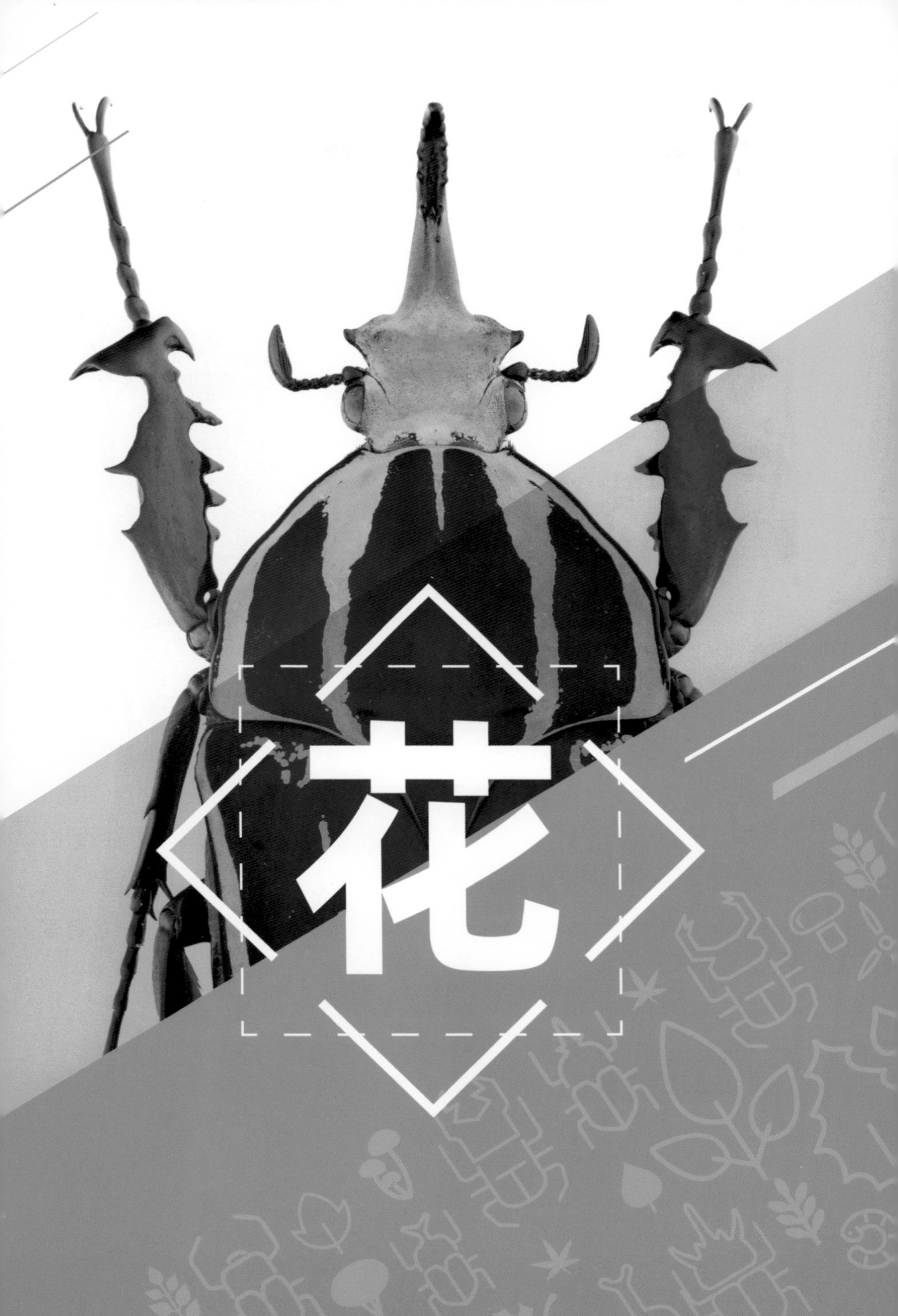
花

花在此书中指的是花金龟亚科（Cetoniinae）的甲虫，为鞘翅目金龟子总科（Scarabaeoidea）—金龟子科（Scarabaeidae）的其中一个亚科。花金龟一名来源于其英文“Flower chafer”“Flower beetle”，因为这类甲虫常常会聚集在花丛中采食富含蛋白质、糖类的花蜜和花粉。当然，水果与富含营养的树汁也是花金龟和许多其他昆虫的美食。

▲ 正在取食花蜜花粉的小提琴花金龟

▲ 飞舞在花朵间的白星花金龟

花金龟是一类非常活泼好动的甲虫，飞行能力极强，在盛夏时节的林间，经常可以看到在树木花丛间嗡嗡飞行的花金龟。如果仔细观察飞行中的花金龟可以发现一个非常有趣的现象，那就是与其他一些鞘翅目的甲虫会把鞘翅完全打开后再挥动后翅飞行不同，花金龟则只需要将鞘翅两侧稍稍打开一条缝，其后翅就可以展开飞行了。

▲ 正欲展翅起飞的幸运深山锹甲

▲ 后翅从鞘翅两侧展开飞行的乌干达花金龟

与花金龟闪亮夺目的甲壳一样，有些种类花金龟的后翅也同样散发着金属光泽，比淡黄色的锹甲与兜虫的后翅更加引人瞩目。

▲ 龙牙圆翅锹甲的后翅

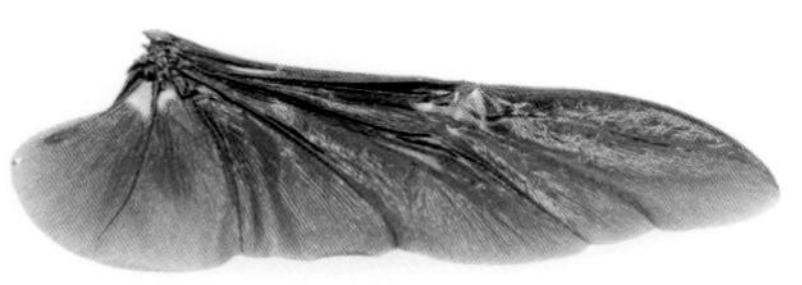

▲ 白条绿花金龟的后翅

花金龟因其绚丽多彩的颜色而广受爱好者的喜爱，它们这身绚烂外衣的色彩大多是来源于其甲壳上微米级甚至纳米级的多层膜等微观物理结构对光线的衍射、折射和散射而形成的，这种色彩被称为“结构色”，结构色不易因甲虫的生命结束而变色。还有一些甲虫的色彩则是其体内的有机色素而产生的“色素色”的物质，这种色素色通常会因为甲虫的死亡而失去活性变得黯淡。由于精妙的微观物理结构对光线的影响，许多花金龟的甲壳在不同角度和光照条件下会呈现出变化多端的色彩。

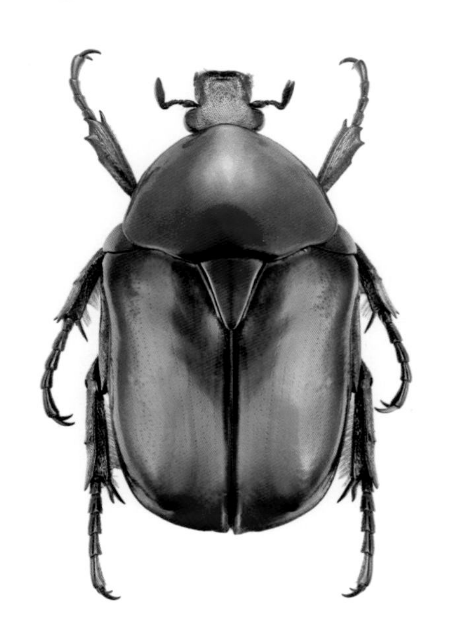

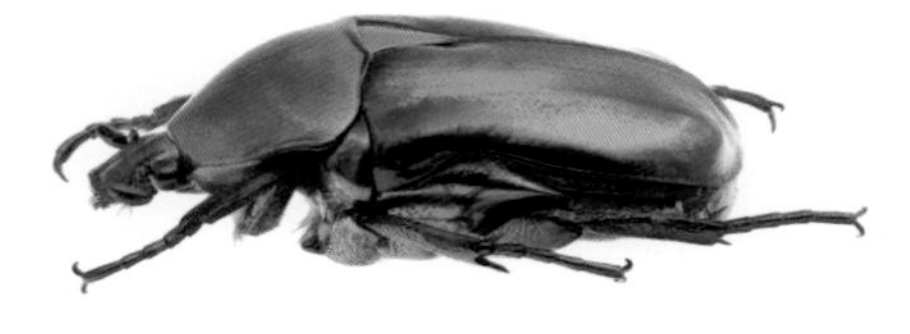

▲ 不同角度下鞘翅呈现出不同色彩的美丽星花金龟

而有一些花金龟的甲壳上覆着一层如同天鹅绒般的细密“绒毛”，在接触到水等液体或周遭环境湿度过大时，这层富含钠盐的亲水性“绒毛”会迅速吸水溶胀，改变光线折射率而变色，当水分蒸发后，又恢复到原本的色彩，如乌干达花金龟与大王花金龟。花金龟之所以有如此绚丽多变的色彩，据推测可能是为适应环境而形成的保护色和物种之间的识别信号。

▲ 从左至右，湿度逐渐增大，乌干达花金龟的体色也随之发生着变化

许多花金龟也是典型的雌雄二型动物，因生存竞争的原因，许多花金龟的雄性成虫头部长出了形态各异的头角用于争斗。而雌性成虫更重要的任务是产卵繁殖，所以它们的头部则长成了类似铲子的形状，用于拱掘腐殖质或朽木并在其中产卵。但是也有相当一部分种类的花金龟雌雄成虫个体间的差异却不明显，区分这类花金龟的性别往往是通过观察其前足胫节和腹部形态来实现的：通常雌性成虫的前足胫节更为粗壮，便于其掘土产卵；雄性成虫的腹部中央内缩形成一条沟槽，雌性成虫腹部则圆润饱满。

▲ 从左至右：欧贝鲁花金龟、白条绿花金龟、帝王花金龟、宽带鹿角花金龟、黑锚角花金龟

我们在前面认识了兜虫与锹甲的幼虫，花金龟的幼虫同样也是“蛴螬型幼虫”，但与前两类甲虫幼虫最大的不同就是花金龟幼虫相比之下有着极强的活动能力。单单从外观上来看，我们通常会以为，花金龟的幼虫会像毛毛虫一样趴在地上靠它们那几对孱弱的小腿爬行移动，但实际上，这些特立独行的花金龟宝宝们却是背朝地面靠表皮的蠕动而快速前行，十分有趣。这一特点也可以让我们快速分辨花金龟幼虫与其他蛴螬型幼虫。

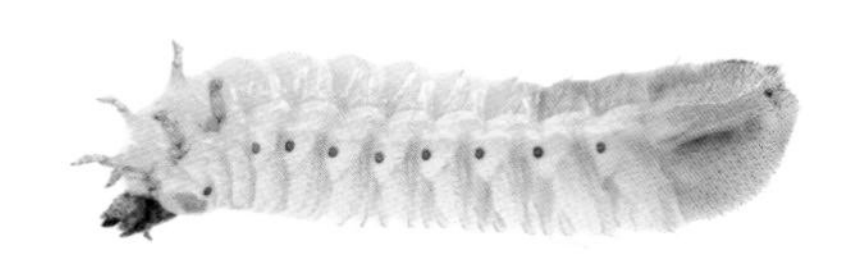

▲ 正在爬行的史密斯花金龟幼虫

除了幼虫奇特的“行走”方式外，花金龟另一个有趣的特点就是，它们的幼虫在 3 龄末期，会使用自己的粪便、分泌物混合周围的腐殖质或沙土为自己制作一枚如同皮蛋一般的土茧，并在其中化蛹、羽化。有了土茧的保护，花金龟的幼虫可以免受外界环境和其他生物的威胁，在其中安静度过脆弱的蛹期。

▲ 1. 土茧内羽化的史密斯花金龟；2. 绿胸四点花金龟的蛹；3. 大王花金龟的土茧；4. 蛰伏中的乌干达花金龟；5. 钻出土茧的波丽菲梦斯花金龟

铲车头花金龟

Rhamphorrhina splendens petersiana Klug, 1855

铲车头花金龟是一种产自非洲东部的中小型花金龟，一共有两个亚种，其指名亚种的成虫鞘翅上白色面积更大，绿色条纹不完整。本种雄性成虫头部如挖掘铲般方方正正的头角使其易与其他物种区分开来。

分布概况	赞比亚、莫桑比克、津巴布韦、马拉维等地
雄虫体长	30~50 mm
幼虫期	6~10个月
成虫寿命	4~6个月

活体照▼

表征特写

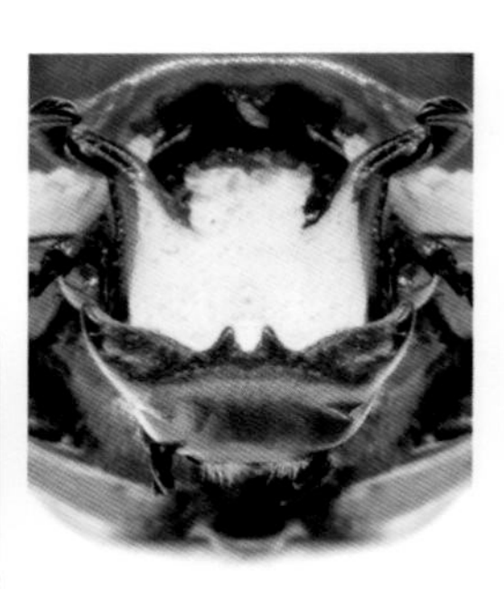

贝托龙花金龟

Rhamphorrhina bertolonii
(Lucas, 1879)

贝托龙花金龟雄性成虫头角如同一顶皇冠，十分别致，翅鞘上覆着极其细小的白色鳞毛，在遇水、酒精之类的液体时会溶胀变成黑色，等液体蒸发后又会恢复成白色。其前胸背板颜色多变，有橘色、黄色、绿色、紫色、蓝色等色系。

分布概况	坦桑尼亚
雄虫体长	20~35 mm
幼虫期	6~10个月
成虫寿命	4~6个月

活体照▼

表征特写

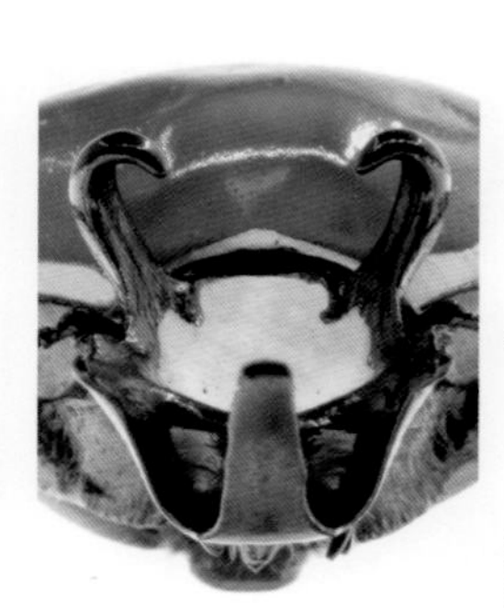

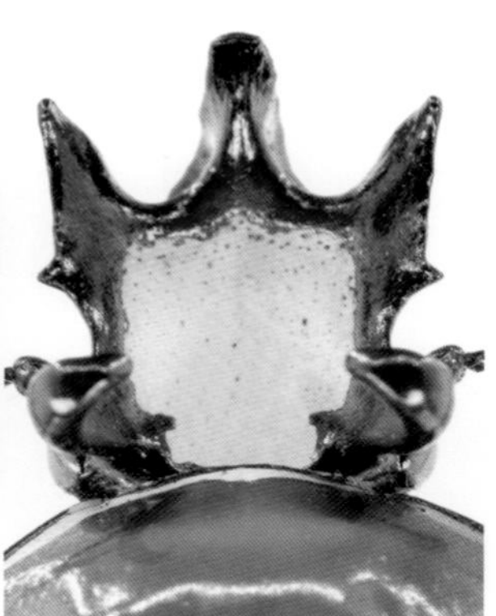

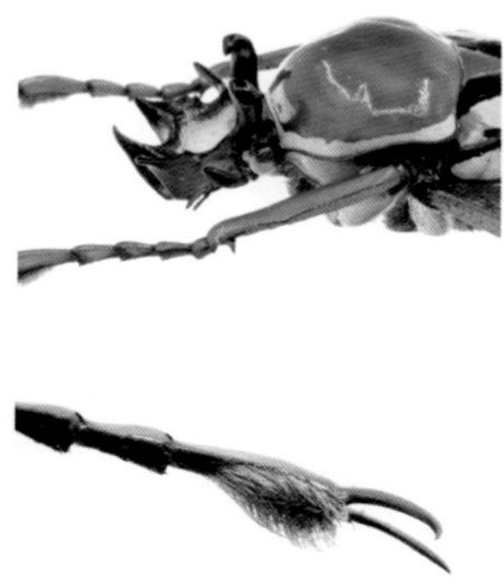

血红羽翼花金龟

Eudicella aethiopica
Müller, 1941

血红羽翼花金龟是一种特别美丽的花金龟。本种雄性成虫有着颜色鲜红且前段分叉的头角，鞘翅呈鲜亮的血红色，十分引人瞩目。但是成虫在死亡后，鞘翅上这种鲜艳的红色便会迅速变得黯淡。

分布概况	乌干达、南苏丹、埃塞俄比亚等地
雄虫体长	30~50 mm
幼虫期	6~10个月
成虫寿命	4~6个月

活体照▼

表征特写

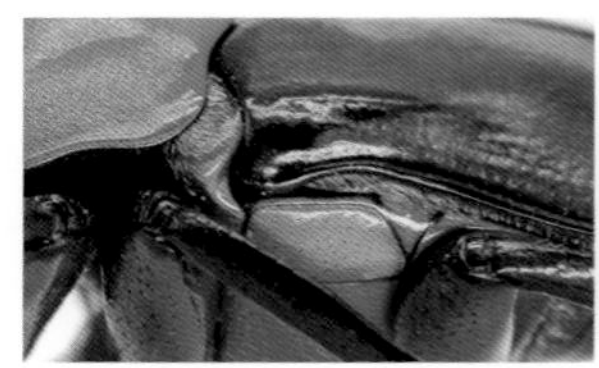

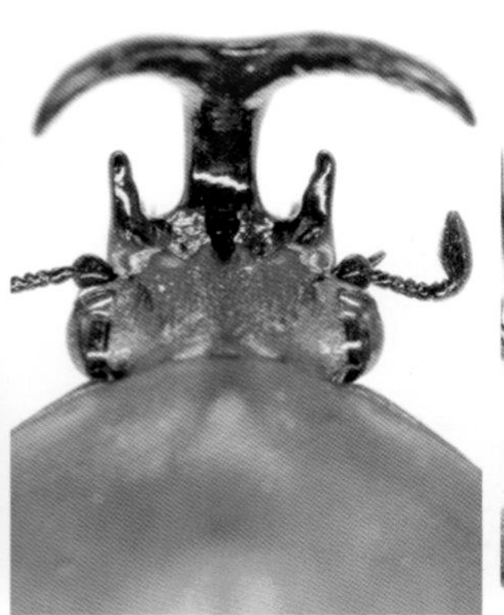

格蕾莉花金龟

Eudicella gralli gralli
(Buquet, 1836)

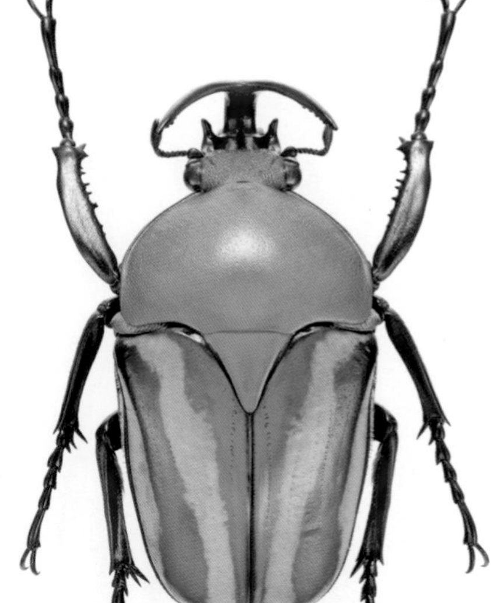

格蕾莉花金龟也被称为“格拉尔氏芽金龟”。本种雄性成虫头部有着大型的分叉头角，且尖端内侧各有一排细密的小齿，前足与中足胫节为黑色，后足胫节则为红棕色。夸张分叉的头角加上漂亮条纹的鞘翅，使这种花金龟独具魅力。

分布概况	刚果
雄虫体长	30~50 mm
幼虫期	6~10个月
成虫寿命	4~6个月

活体照▼

表征特写

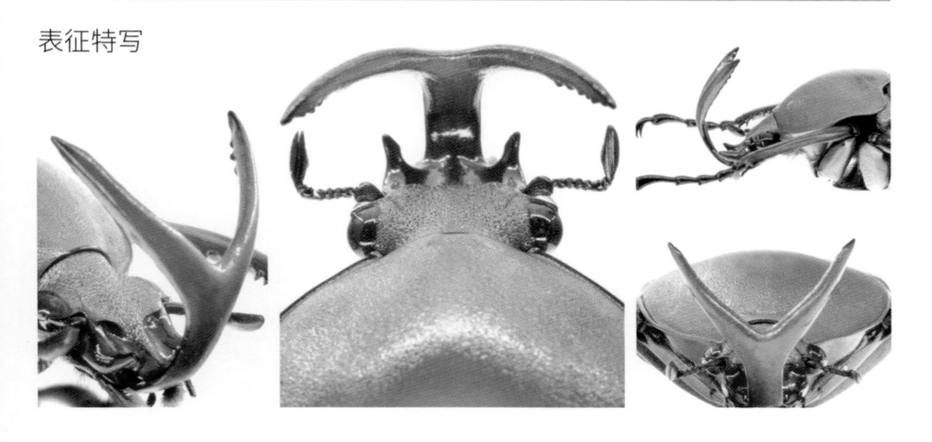

史密斯花金龟

Eudicella smithi smithi
MacLeay, 1838

史密斯花金龟是一种拥有五星红旗配色的中小型花金龟。本种的头部、前胸背板和腿部是鲜亮的红色，对应着旗帜上鲜红的底色，亮黄色的鞘翅则对应着旗帜上黄色的五角星，是一种非常易于饲养的花金龟。

分布概况	赞比亚、莫桑比克、津巴布韦等地
雄虫体长	30~50 mm
幼虫期	6~10个月
成虫寿命	4~6个月

活体照▼

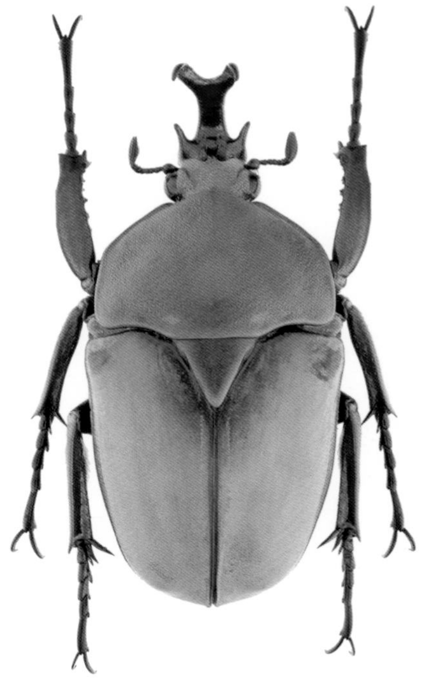

表征特写

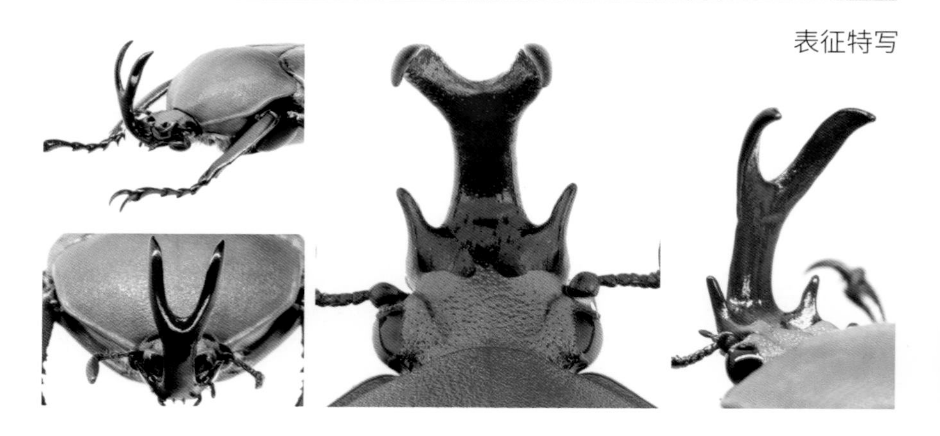

绿胸四点花金龟

Eudicella euthalia oweni
Allard, 1985

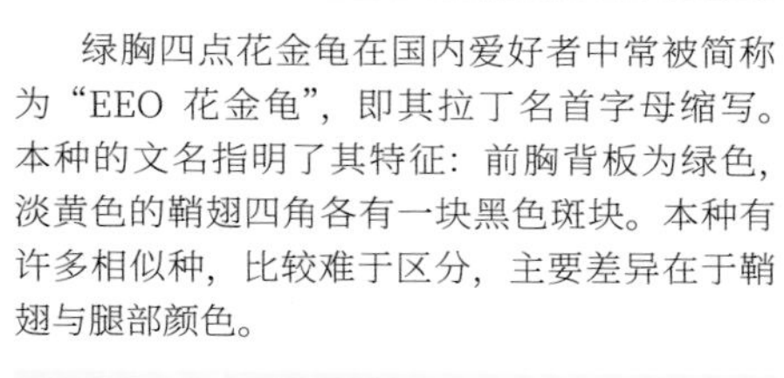

绿胸四点花金龟在国内爱好者中常被简称为“EEO 花金龟”，即其拉丁名首字母缩写。本种的文名指明了其特征：前胸背板为绿色，淡黄色的鞘翅四角各有一块黑色斑块。本种有许多相似种，比较难于区分，主要差异在于鞘翅与腿部颜色。

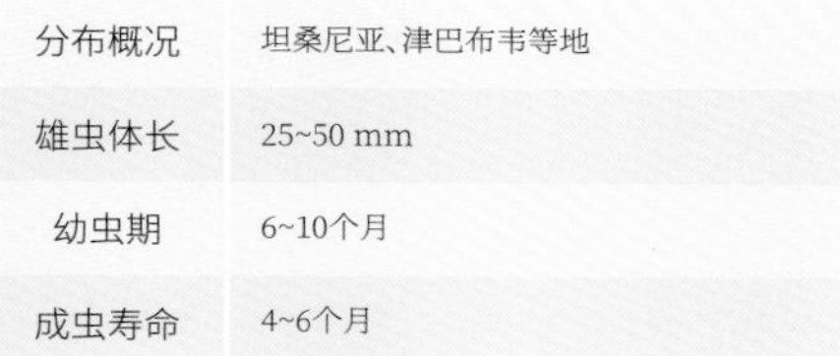

分布概况	坦桑尼亚、津巴布韦等地
雄虫体长	25~50 mm
幼虫期	6~10个月
成虫寿命	4~6个月

活体照▼

表征特写

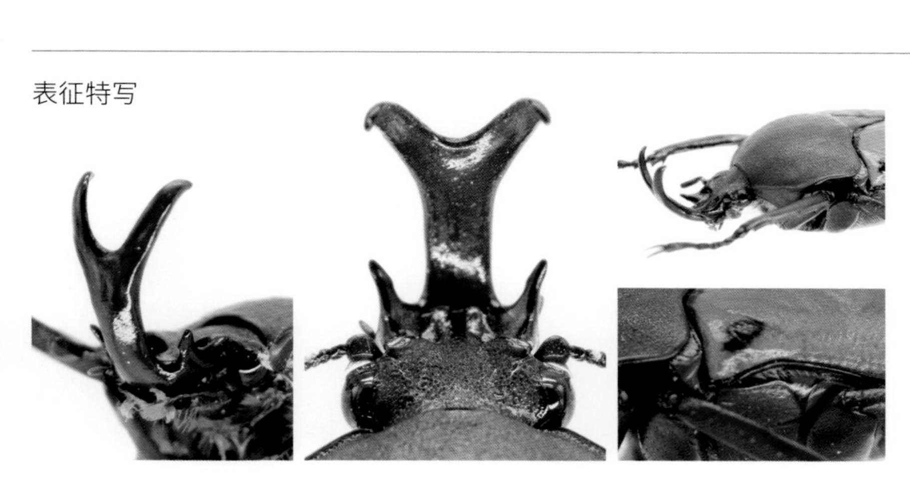

白条绿花金龟

Dicronorhina derbyana derbyana
Westwood, 1843

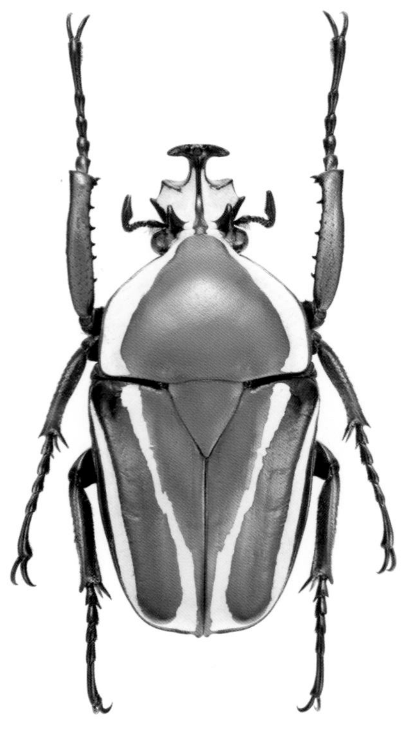

白条绿花金龟是一种非常奇特的花金龟，大多数花金龟成虫的体味和排泄物都比较难闻，但白条绿花金龟的雄性成虫会散发出一种香甜的水果气味，据推测，这可能是为了用气味吸引雌性。白条绿花金龟同样也有多个亚种，主要区别在于体色和条纹的形态。

分布概况	坦桑尼亚、马拉维、津巴布韦
雄虫体长	30~50 mm
幼虫期	6~10个月
成虫寿命	4~6个月

活体照▼

表征特写

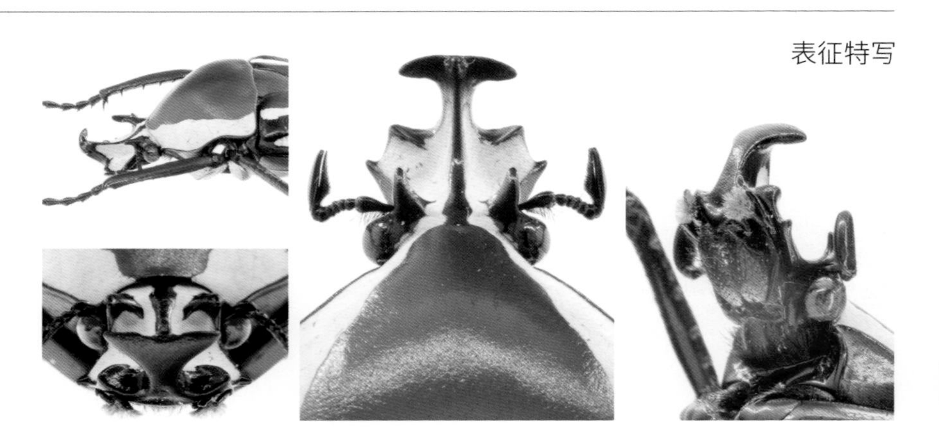

白头绿花金龟

Dicronorhina oberthueri oberthueri
Deyrolle, 1876

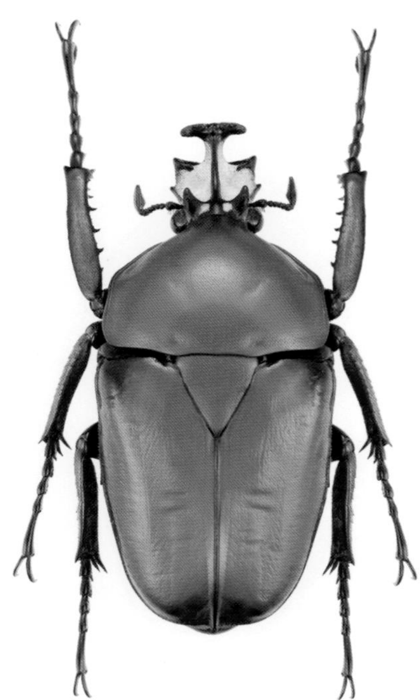

白头绿花金龟与白条绿花金龟比较相似，但本种鞘翅及前胸背板上并没有白色条纹，而是在其腹部分布着白色斑点，白条绿花金龟则没有这一特征。虽然形态上与白条绿花金龟相似，但其雄性成虫没有香甜的果香。

分布概况	肯尼亚
雄虫体长	30~50 mm
幼虫期	8~10个月
成虫寿命	4~6个月

活体照▼

表征特写

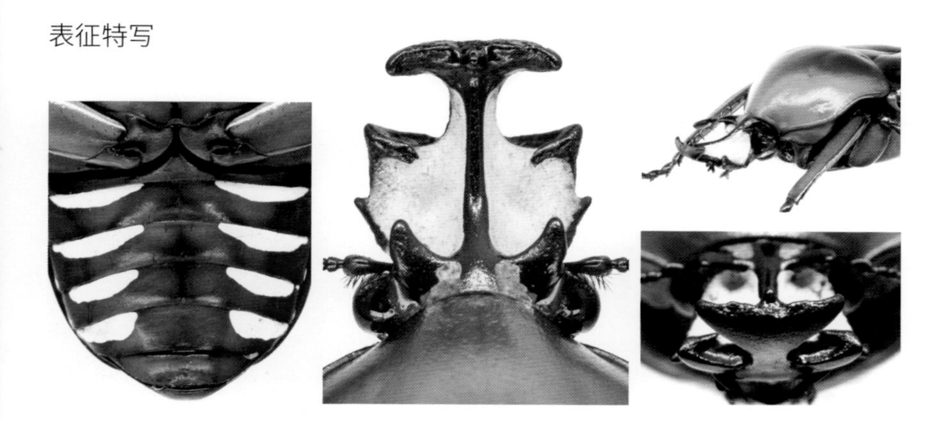

波丽菲梦斯花金龟

Mecynorhina polyphemus
(Fabricius, 1781)

波丽菲梦斯花金龟雄性成虫身上有一层细密的天鹅绒般的鳞毛，这层鳞毛极易被环境中的硬物磨损，雌性成虫的甲壳中央则比较光滑。本种的幼虫在人工饲育条件下，偏好贴在饲育容器壁做土茧，易于观察其发育情况。

分布概况	喀麦隆、中非、刚果（布）、刚果（金）
雄虫体长	35~75 mm
幼虫期	8~10个月
成虫寿命	6~10个月

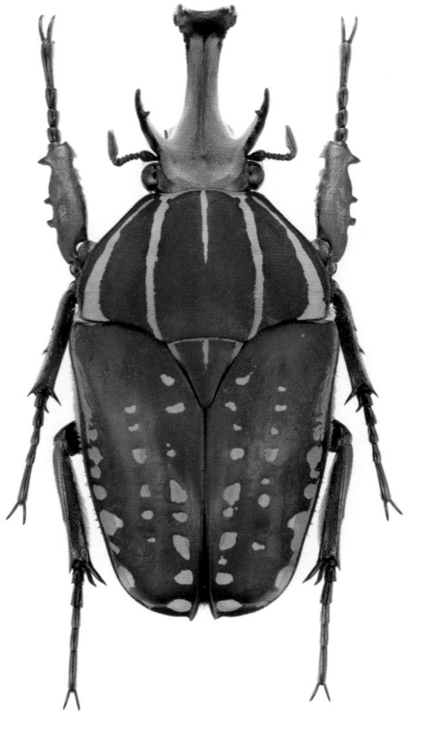

活体照▼

表征特写

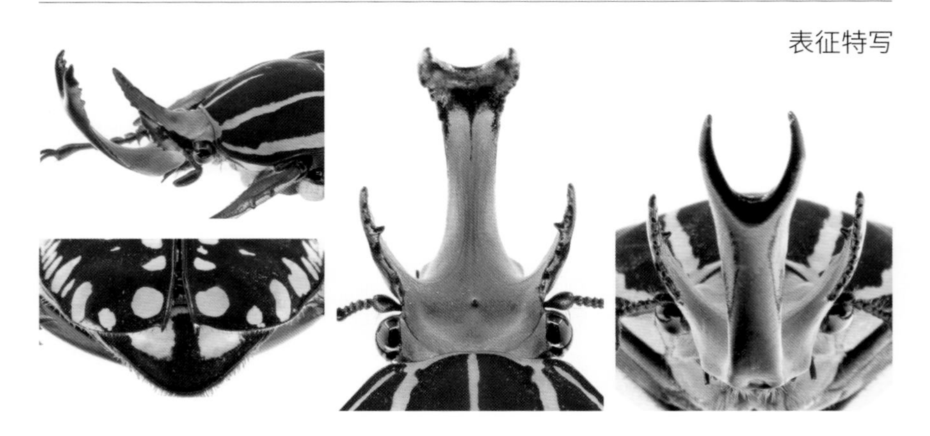

卡拉兹花金龟

Mecynorhina kraatzi kraatzi
(Moser, 1905)

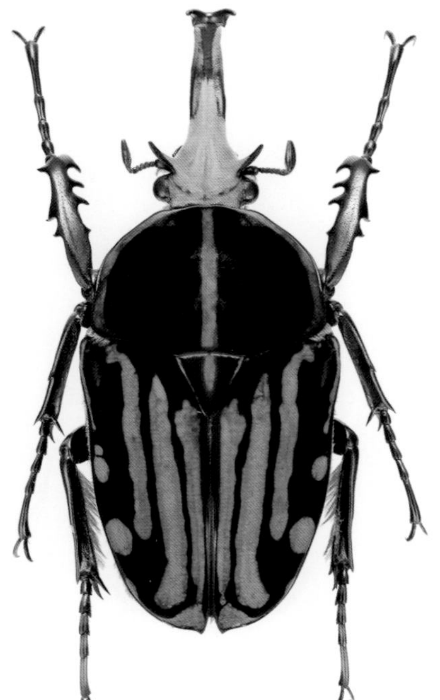

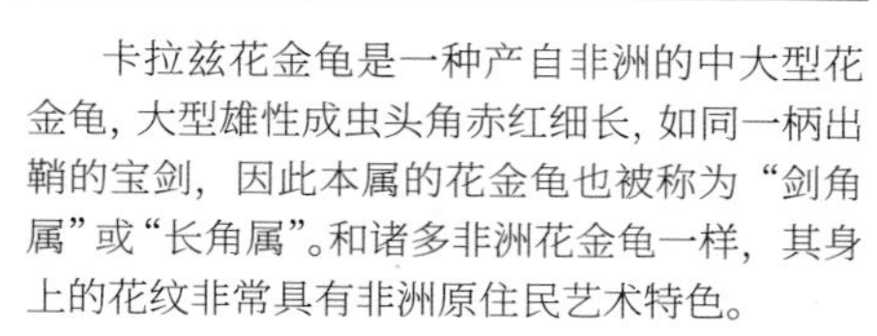

卡拉兹花金龟是一种产自非洲的中大型花金龟，大型雄性成虫头角赤红细长，如同一柄出鞘的宝剑，因此本属的花金龟也被称为“剑角属”或“长角属”。和诸多非洲花金龟一样，其身上的花纹非常具有非洲原住民艺术特色。

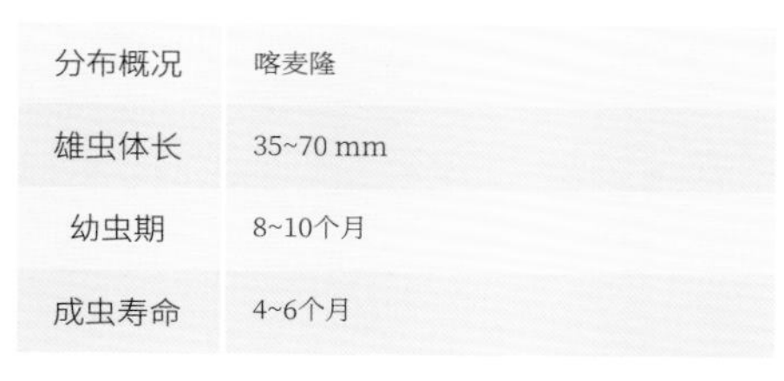

分布概况	喀麦隆
雄虫体长	35~70 mm
幼虫期	8~10个月
成虫寿命	4~6个月

活体照▼

表征特写

乌干达花金龟

Mecynorhina torquata ugandensis
(Moser, 1907)

乌干达花金龟可以说是将绸缎般的身体质感运用得最棒的甲虫，并演化出极其丰富绚烂的色彩。其前胸背板及鞘翅上的白色斑纹由大量紧密排列的细微鳞毛组成，湿度增大后因鳞毛吸水溶胀时光线发生变化而显得黯淡。本种是最受欢迎的大型花金龟之一。

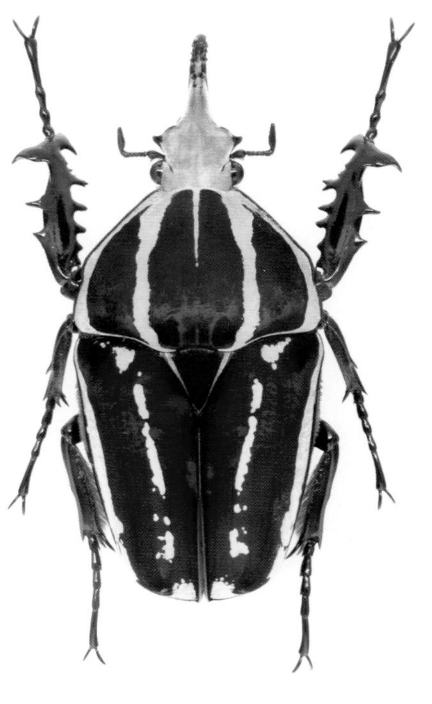

分布概况	刚果、喀麦隆、乌干达等地
雄虫体长	35~85 mm
幼虫期	8~14个月
成虫寿命	6~10个月

活体照▼

表征特写

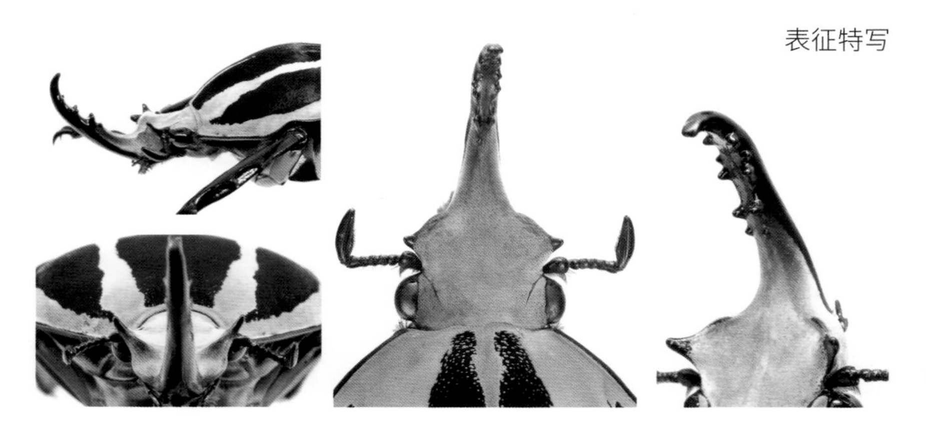

哈瑞斯花金龟

Mecynorhina harrisi eximia
(Aurivillius, 1886)

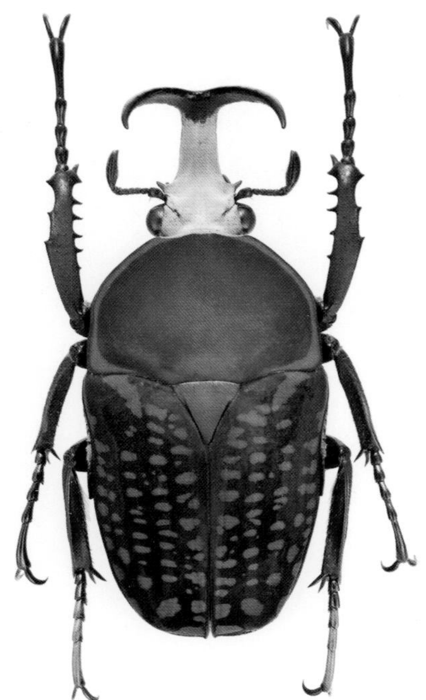

哈瑞斯花金龟雄性成虫有着夸张的巨大头角，后足跗节呈鲜亮的黄色。根据产地、头角形态以及鞘翅的花纹不同，分为多个亚种。本种甲壳上同样密布着天鹅绒般的鳞毛，在活动中很容易被周围环境磨损。

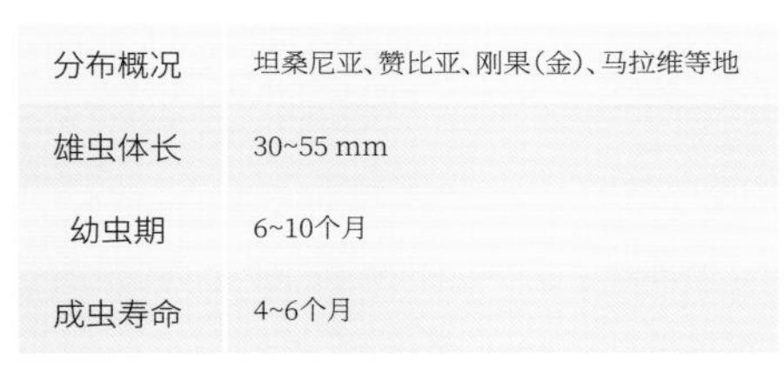

分布概况	坦桑尼亚、赞比亚、刚果（金）、马拉维等地
雄虫体长	30~55 mm
幼虫期	6~10个月
成虫寿命	4~6个月

活体照▼

表征特写

欧贝鲁花金龟

Mecynorhina oberthuri kirchneri
Drumont, 1998

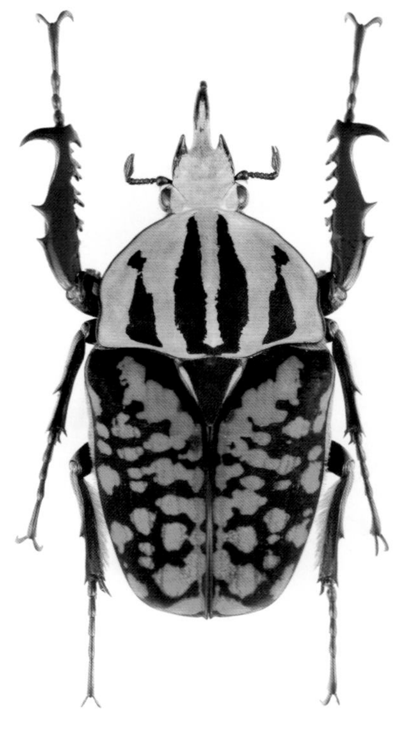

欧贝鲁花金龟最令人瞩目的特点是其鞘翅上类似豹纹的花纹，雄性成虫的头角如同三叉戟般平直伸出。本种分为若干个亚种，各亚种间产地不同，且成虫的花纹颜色及形态略有不同，其中鞘翅整体为荧光黄的亚种倍受爱好者喜爱。

分布概况	喀麦隆
雄虫体长	35~70 mm
幼虫期	10~14个月
成虫寿命	6~10个月

活体照▼

表征特写

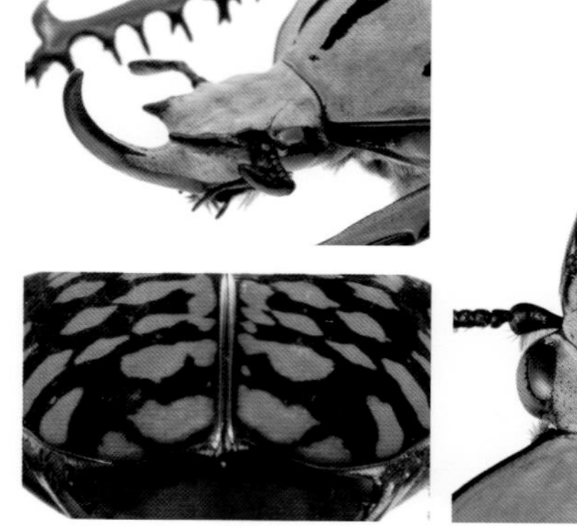

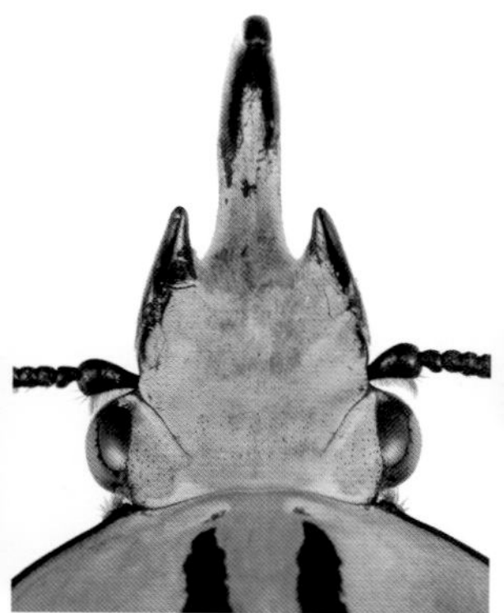

萨维吉花金龟

Mecynorhina savagei
Harris, 1844

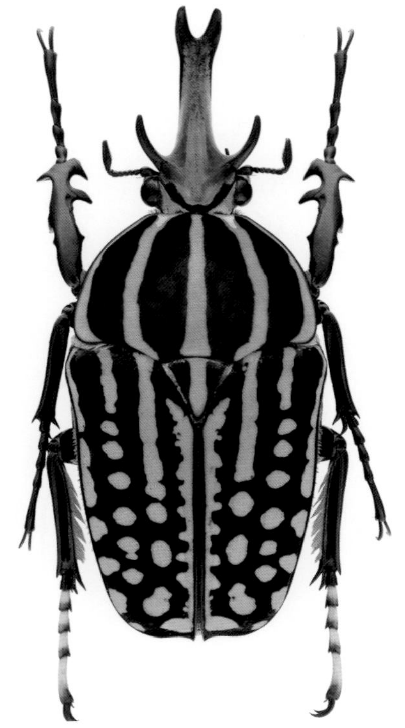

萨维吉花金龟是一种中大型花金龟，雄性成虫的头部中央前伸出一根修长且前端分叉的头角，头角的基部有一对略短的尖锐小角。本种全身有着密集花纹，非常具有非洲原住民艺术纹样的特征。

分布概况	科特迪瓦、加纳、乌干达、喀麦隆等地
雄虫体长	39~65 mm
幼虫期	8~12个月
成虫寿命	4~6个月

活体照▼

表征特写

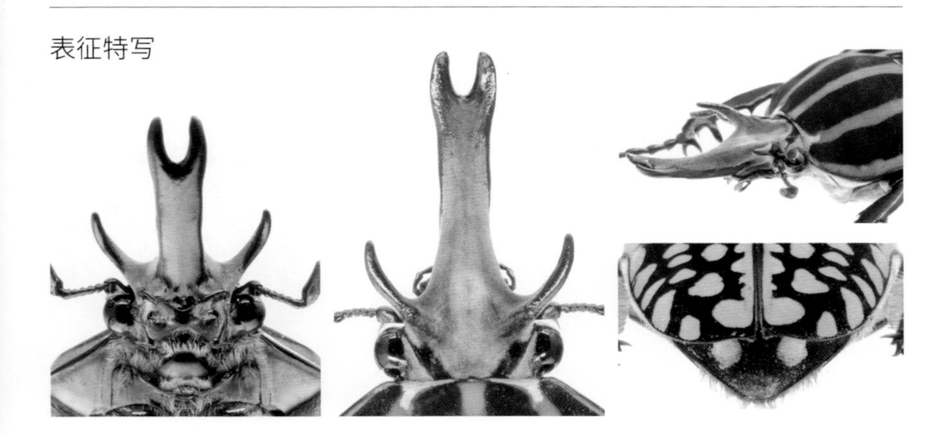

白纹大王花金龟

Goliathus orientalis orientalis
Moser, 1909

大王花金龟属 *Goliathus* 也被称为“大角花金龟属”“歌利亚甲虫”，有多个种，均分布在非洲。其成虫经常在清晨出现在斑鸠菊属 *Vernonia* 植物上，也会在其他灌木的花枝上驻足，本属的幼虫常被当地人作为美食。

分布概况	刚果、卢旺达、布隆迪、坦桑尼亚等地
雄虫体长	45~105 mm
幼虫期	8~12个月
成虫寿命	8~12个月

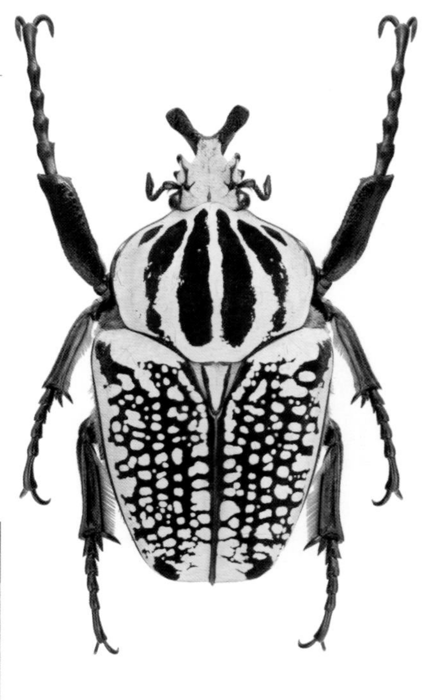

活体照▼

表征特写

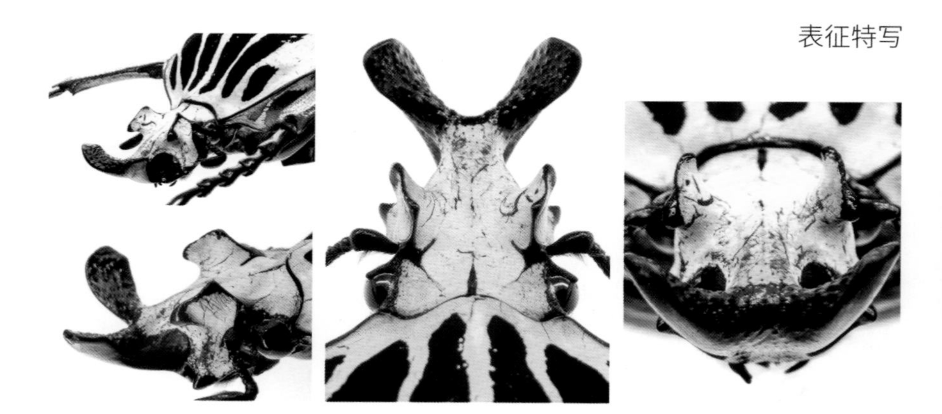

帝王花金龟

Goliathus regius

Endrödi, 1960

帝王花金龟也被称为“皇家大角花金龟”，源自种名“*regius*”，意为“皇家”“王室”。本种不仅是大王花金龟属体型最大的物种，也是全世界体型最大的花金龟，雄性成虫体长可达120 mm。雄性成虫鞘翅两侧宽阔的黑色条纹是本种的特色。

分布概况	赤道几内亚、塞拉利昂、加纳、尼日利亚等地
雄虫体长	60~120 mm
幼虫期	8~12个月
成虫寿命	8~12个月

活体照▼

表征特写

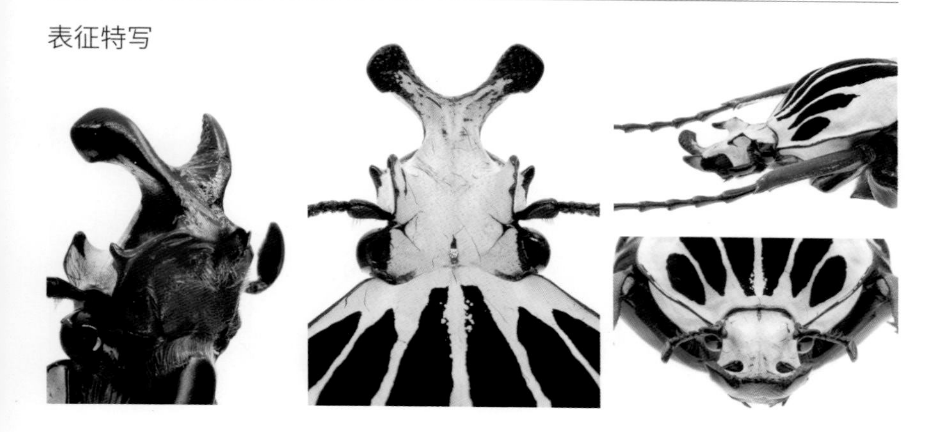

歌利亚大王花金龟

Goliathus goliathus
(Drury, 1770)

大王花金龟属是花金龟亚科中体型最大的属。橙红色鞘翅是本种的最大特色。歌利亚是传说中的著名巨人之一，《圣经》中记载，歌利亚是腓力士将军，带兵进攻以色列军队，拥有无穷的力量。以此来命名这类巨大威武的花金龟真是无比贴切。

分布概况	喀麦隆、刚果（金）、肯尼亚、加蓬、尼日利亚、坦桑尼亚、乌干达等地
雄虫体长	55~115 mm
幼虫期	8~12个月
成虫寿命	8~12个月

活体照▼

表征特写

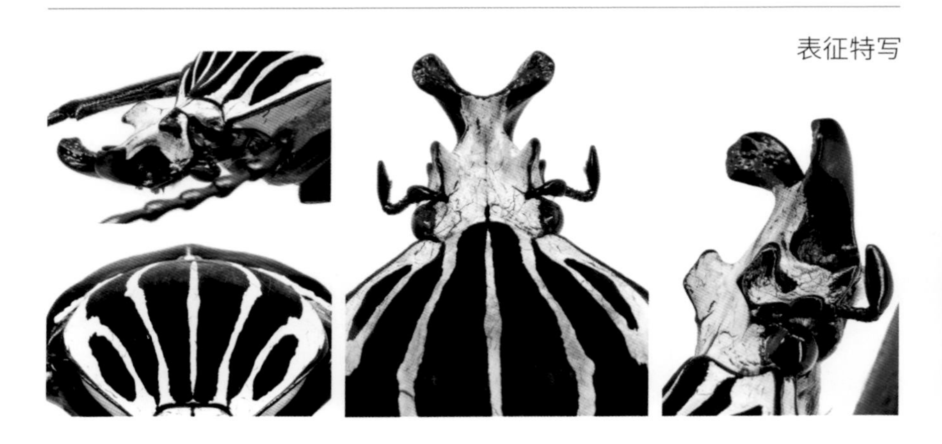

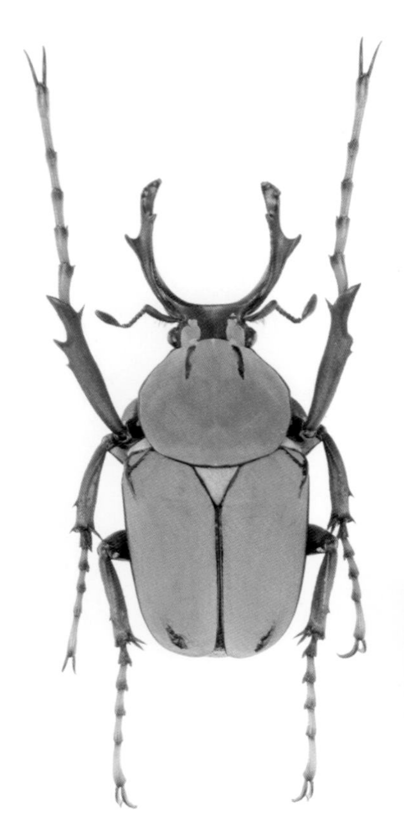

黄粉鹿角花金龟

Dicronocephalus wallichi bowringi Pascoe, 1863

黄粉鹿角花金龟是一种原产于我国的，十分具有特色的花金龟，其雄性成虫头角分叉呈类似鹿角的形态。身体上布满黄色的细密鳞毛，易被磨损。本种成虫生性胆大活泼，繁殖极其简单，但是幼虫饲育颇有难度。

分布概况	中国(辽宁、河北、北京、河南、山东、江苏、浙江、江西、广东、重庆、四川、贵州、云南、陕西等地)
雄虫体长	25~35 mm
幼虫期	10~12个月
成虫寿命	3~6个月

活体照▼

表征特写

宽带鹿角花金龟

Dicronocephalus adamsi
Pascoe, 1863

宽带鹿角花金龟其名来源于雄性成虫前胸背板上两条较宽的黑色斑块。本种雄性成虫有着相较黄粉鹿角花金龟更为弯曲夸张的头角，体表也更容易被环境磨损。在受到惊扰时会抬起身子挥动修长的前足作出威胁动作。

分布概况	中国(浙江、湖北、湖南、重庆、四川、云南、贵州等地)
雄虫体长	25~35 mm
幼虫期	10~12个月
成虫寿命	3~6个月

活体照▼

表征特写

加藤鹿角花金龟

Dicranocephalus uenoi katoi

Kurosawa, 1968

加藤鹿角花金龟也被称为“上野鹿角花金龟加藤亚种”，是我国台湾的特有物种，其名是为了纪念对台湾蝉类研究有卓越贡献的加藤正世博士。本种雄性成虫头部有类似音叉的头角，前胸背板有宽阔的黑带，全身布满较长的金色鳞毛。

分布概况	中国(台湾)
雄虫体长	20~25 mm
幼虫期	不详
成虫寿命	1~2个月

活体照▼

表征特写

金绿兜角花金龟

Theodosia viridiaurata
（Bates, 1889）

兜角花金龟属因其雄性成虫突出的头角与胸角形似犀牛，所以也被称为“犀花金龟”。其所有种类都分布在东南亚。本种在原产地很高的树冠上觅食花粉、花蜜，采集困难。人工饲育也有一定的难度，但是其奇特的外形非常受爱好者的欢迎。

分布概况	马来西亚（东马）、印度尼西亚（加里曼丹）
雄虫体长	35~60 mm
幼虫期	8~10个月
成虫寿命	4~6个月

活体照▼

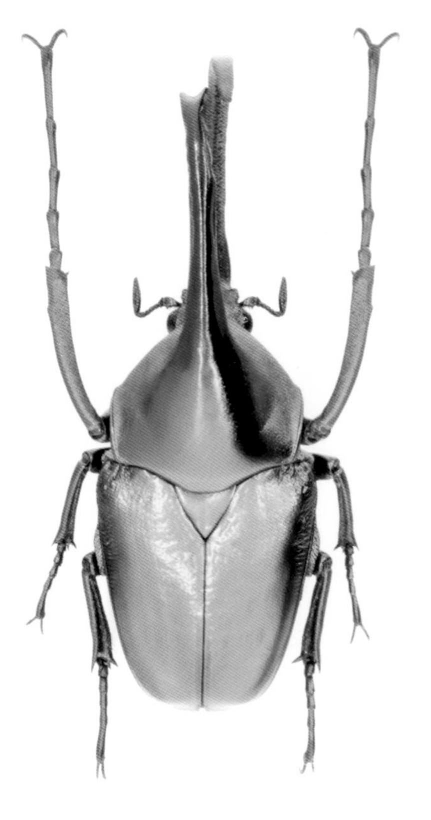

表征特写

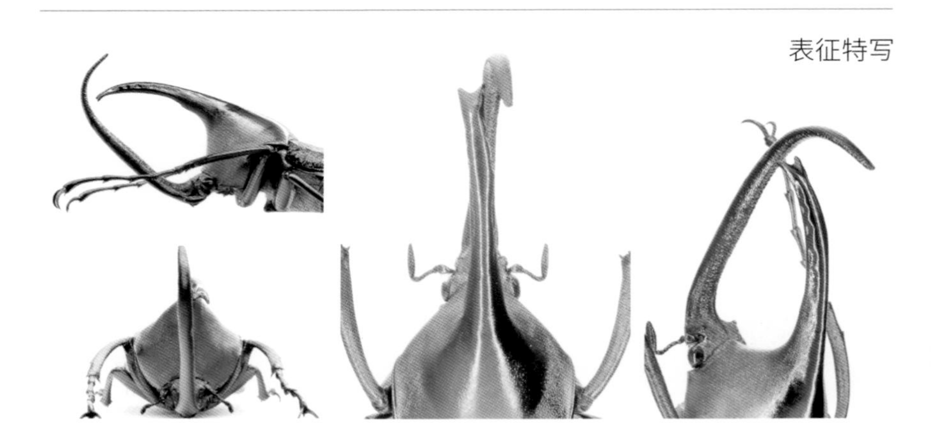

罗德里格斯兜角花金龟

Theodosia rodorigezi
Nagai, 1980

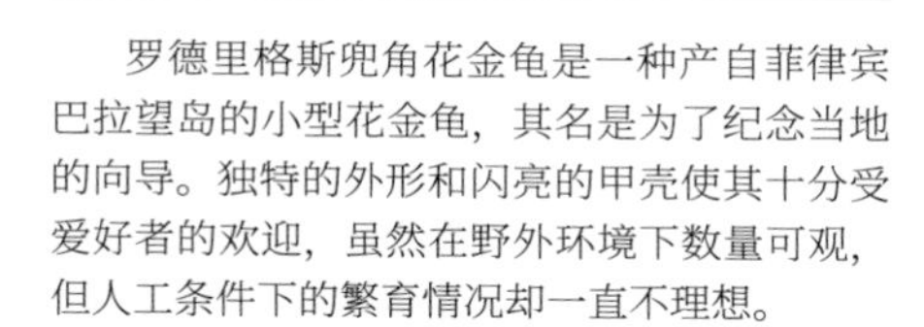

罗德里格斯兜角花金龟是一种产自菲律宾巴拉望岛的小型花金龟，其名是为了纪念当地的向导。独特的外形和闪亮的甲壳使其十分受爱好者的欢迎，虽然在野外环境下数量可观，但人工条件下的繁育情况却一直不理想。

分布概况	菲律宾
雄虫体长	25~35 mm
幼虫期	10~12个月
成虫寿命	4~6个月

活体照▼

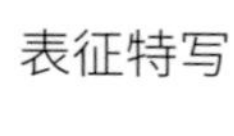

表征特写

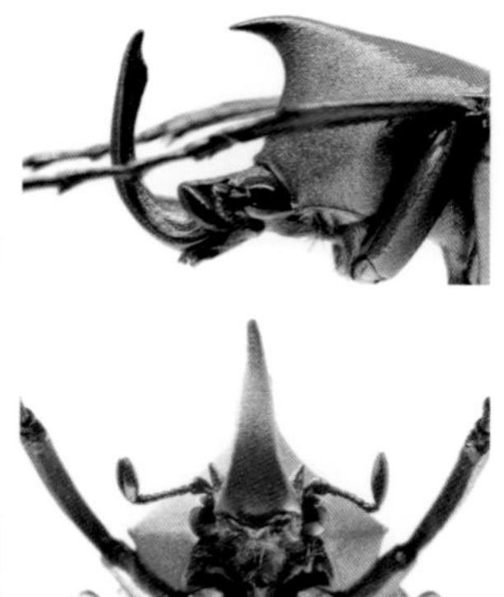

雅高利兜角花金龟

Phaedimus jagori
Gerstaecker, 1862

雅高利兜角花金龟所在的属是一种非常美丽的花金龟属，其中包含很多种，它们大都生活在菲律宾的热带雨林之中。这些种类之间可以通过雄性成虫的胸角、头角形态间的差异来进行区分，个别种类也可通过鞘翅颜色差异来区别。

分布概况	菲律宾
雄虫体长	25~35 mm
幼虫期	8~10个月
成虫寿命	4~6个月

活体照▼

表征特写

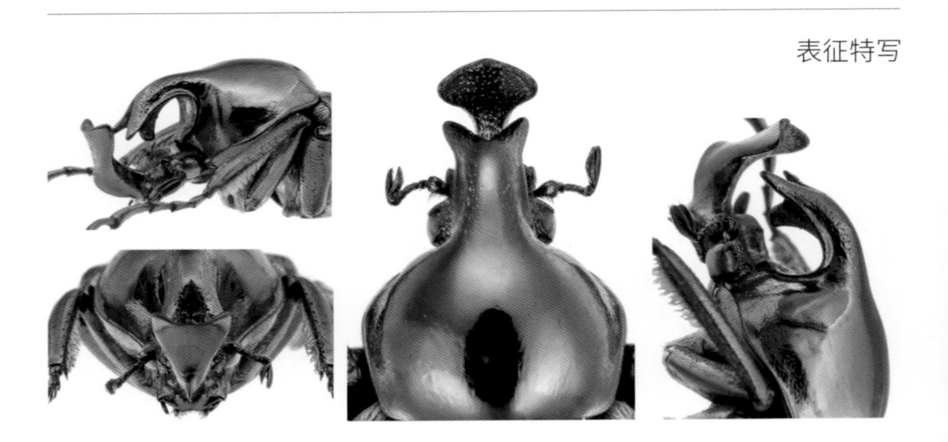

双钩骨花金龟

Cyprolais cornuta

（Heath, 1904）

双钩骨花金龟雄性成虫头角外形极具特色。本种是一种非常神经质的小型花金龟，不被打扰时，常常会纹丝不动，一旦受到惊扰就会快速活动。本种饲育方法简单，对食材要求较低，产卵量大，非常适合混养观赏。

分布概况	坦桑尼亚
雄虫体长	25~40 mm
幼虫期	6~8个月
成虫寿命	4~6个月

活体照▼

表征特写

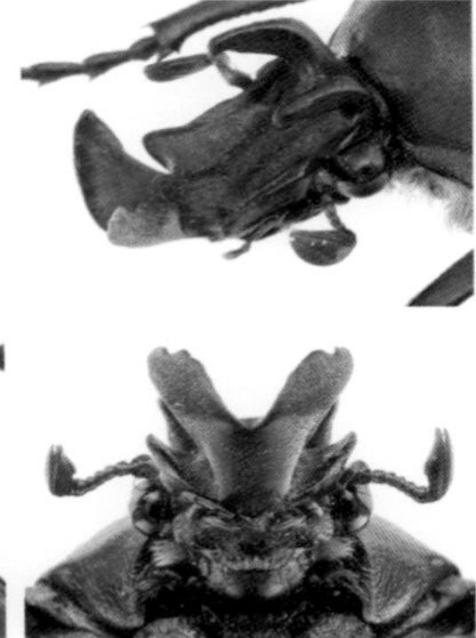

霍尔曼花金龟

Cyprolais hornimani reducta
(Allard, 1991)

霍尔曼花金龟的雄性成虫头部和双钩骨花金龟比较相似，鞘翅上黄黑色相间的配色又与格蕾莉花金龟相似，看起来像两个物种的组合体。本种的鞘翅非常薄，甚至可以透过鞘翅看到折叠起来的后翅。

分布概况	喀麦隆
雄虫体长	25~35 mm
幼虫期	8~10个月
成虫寿命	4~6个月

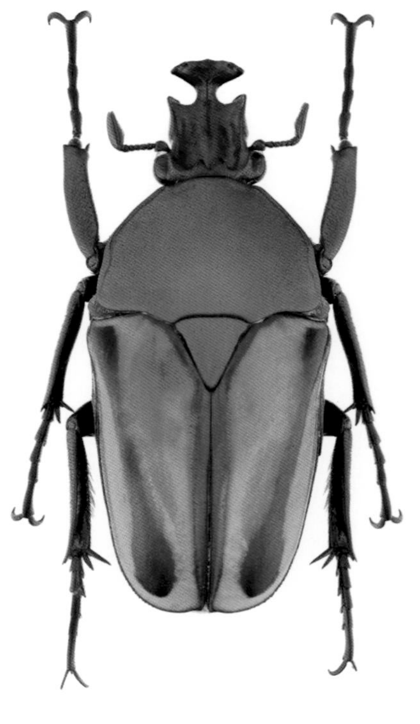

活体照▼

表征特写

普锐斯钩角花金龟

Stephanocrates preussi
Kolbe, 1892

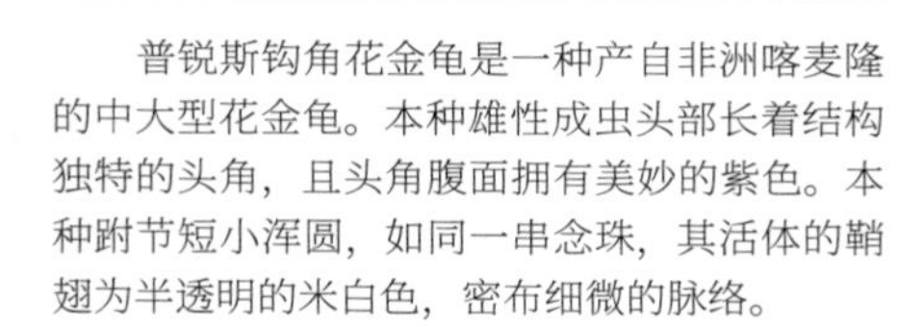

普锐斯钩角花金龟是一种产自非洲喀麦隆的中大型花金龟。本种雄性成虫头部长着结构独特的头角，且头角腹面拥有美妙的紫色。本种跗节短小浑圆，如同一串念珠，其活体的鞘翅为半透明的米白色，密布细微的脉络。

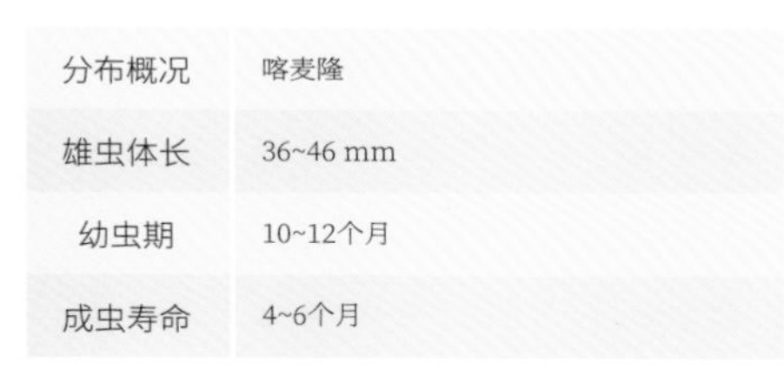

分布概况	喀麦隆
雄虫体长	36~46 mm
幼虫期	10~12个月
成虫寿命	4~6个月

活体照▼

表征特写

黑锚角花金龟

Fornasinius fornasinii
(Bertoloni, 1852)

与大多数头角朝上翘起的甲虫相比，黑锚角花金龟雄性成虫朝下弯曲的头角显得特立独行。其头角前段横向分开两个角，如同船锚一般，因此得名。近缘种为全身红色无斑点的血红锚角花金龟。

分布概况	卢旺达、肯尼亚、坦桑尼亚等地
雄虫体长	30~60 mm
幼虫期	8~10个月
成虫寿命	6~8个月

活体照▼

表征特写

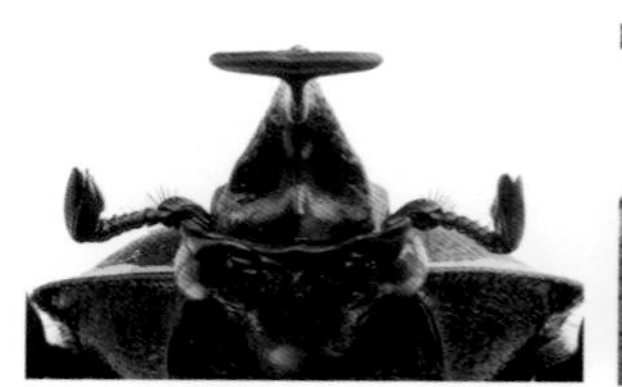

印加角金龟

Inca clathrata sommeri

Westwood, 1845

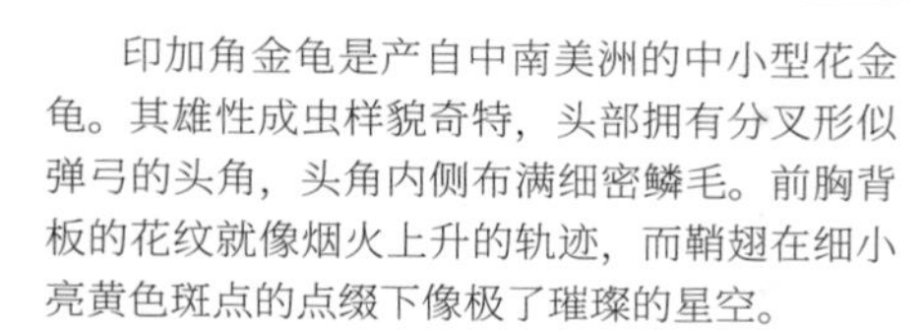

印加角金龟是产自中南美洲的中小型花金龟。其雄性成虫样貌奇特，头部拥有分叉形似弹弓的头角，头角内侧布满细密鳞毛。前胸背板的花纹就像烟火上升的轨迹，而鞘翅在细小亮黄色斑点的点缀下像极了璀璨的星空。

分布概况	墨西哥、哥伦比亚、厄瓜多尔
雄虫体长	35~60 mm
幼虫期	8~10个月
成虫寿命	6~8个月

活体照▼

表征特写

朱莉安花金龟

Stephanorrhina julia
(Waterhouse, 1879)

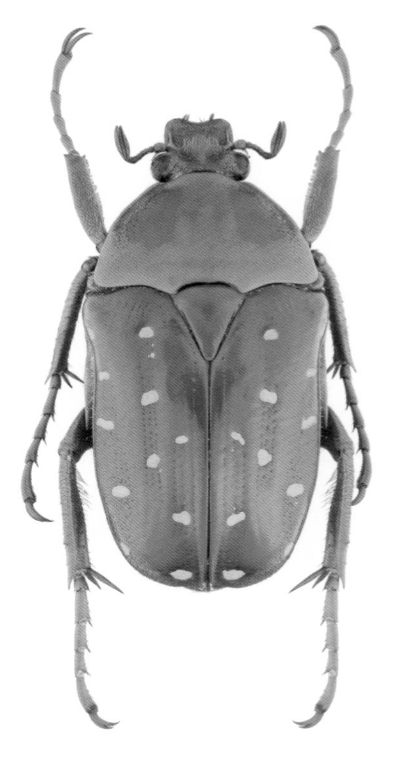

朱莉安花金龟是一种产自非洲的小型花龟，全身色彩丰富，鞘翅上点缀着白点，十分美丽。朱莉安花金龟雌雄性成虫都没有头角，但与其相似的古塔塔花金龟 *Stephanorrhina guttata* 等其他种类的雄性成虫则生有头角。

分布概况	喀麦隆
雄虫体长	30~40 mm
幼虫期	6~10个月
成虫寿命	3~5个月

活体照▼

表征特写

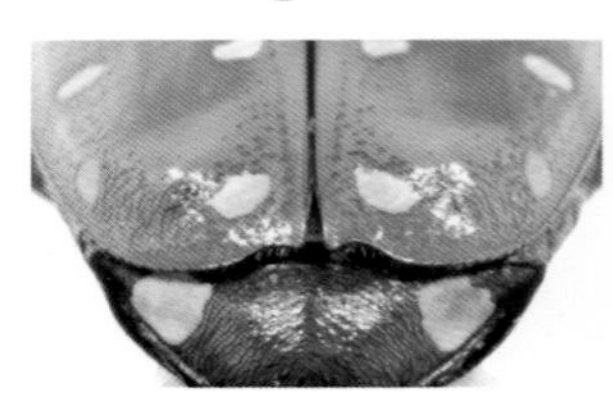

美丽星花金龟

Cetonischema speciosa jousselini
(Gory & Percheron, 1833)

美丽星花金龟是一种非常艳丽的小型花金龟。其鞘翅从中央的绿色向外过渡到蓝色，与小盾片和前胸背板的红色产生强烈对比，让所有见到它的人都能大大提升对甲虫的好感：它就像一颗鲜活的宝石。

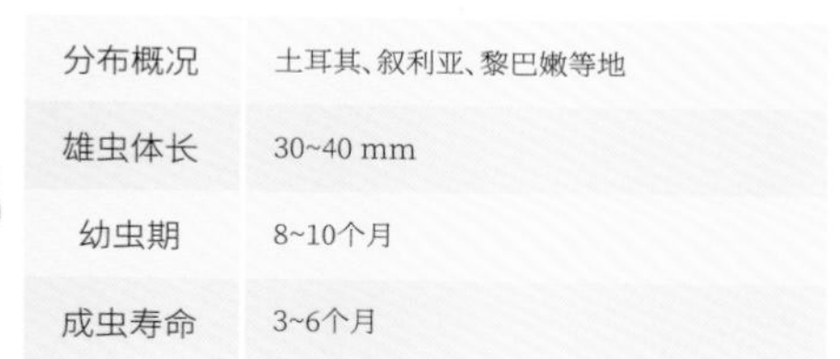

分布概况	土耳其、叙利亚、黎巴嫩等地
雄虫体长	30~40 mm
幼虫期	8~10个月
成虫寿命	3~6个月

活体照▼

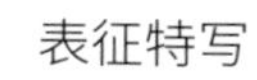

表征特写

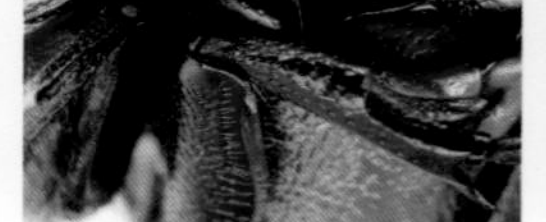

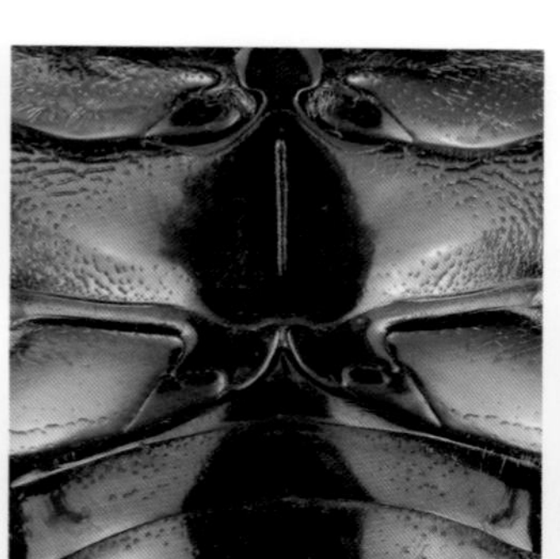

麦克雷花金龟

Trichaulax macleayi
Kraatz, 1894

麦克雷花金龟的中文名是根据其拉丁文种名“*macleayi*”音译而来。漆黑闪亮的鞘翅上面，细密的深黄色鳞毛以条纹状点缀其间，腹面同样密布着深黄色鳞毛，十分有特色。本种已知五种近似种，主要区别在于鞘翅上条纹的分布和鳞毛的颜色与长度。

分布概况	巴布亚新几内亚、澳大利亚
雄虫体长	30~40 mm
幼虫期	8~10个月
成虫寿命	4~6个月

活体照▼

表征特写

暗蓝异花金龟

Thaumastopeus nigritus
Frolich, 1792

暗蓝异花金龟乍看之下是黑漆漆的颜色，但是在强光下就显示出其低调华丽的暗蓝色了。本种的前胸背板后缘向后形成箭头状覆盖住了小盾片，并不是被误认为的小盾片消失，这个特点在异花金龟属、奇花金龟属、绒花金龟属和舟花金龟属都有表现。

分布概况	中国（广东、广西、云南、海南）；越南、柬埔寨、泰国、印度、菲律宾、印度尼西亚等地
雄虫体长	30~55 mm
幼虫期	8~10个月
成虫寿命	4~6个月

活体照▼

表征特写

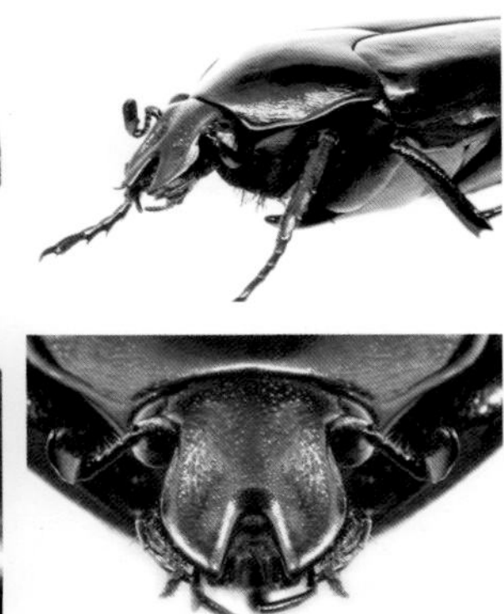

黑纹异花金龟

Ischiopsopha dives
Gestro, 1876

黑纹异花金龟因其鞘翅上的一对黑色纹路而得名，鞘翅中部在某些观察角度下会泛出红色光泽。与异花金龟属的其他成员一样，本种头部顶端分叉，前胸背板后缘延伸至鞘翅覆盖住小盾片。

分布概况	印度尼西亚
雄虫体长	30~40 mm
幼虫期	8~10个月
成虫寿命	4~6个月

活体照 ▼

表征特写

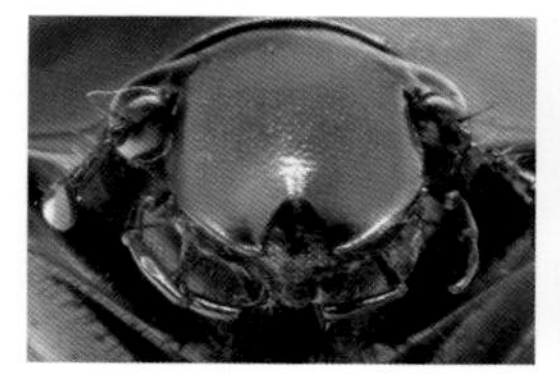

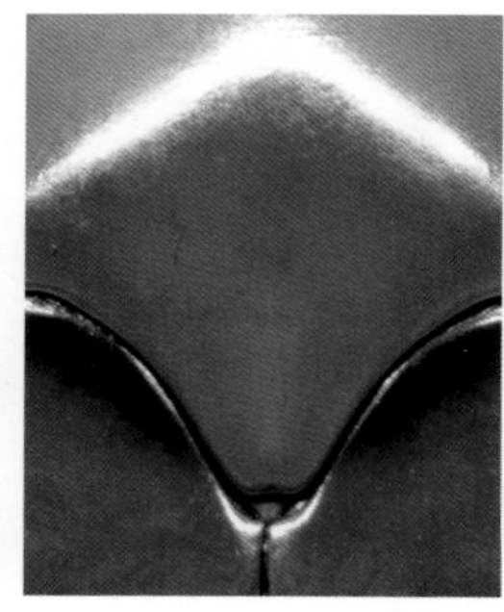

吕宋奇花金龟

Agestrata luzonica
Eschscholtz, 1829

吕宋奇花金龟是一种产自菲律宾的中大型花金龟，和异花金龟属的花金龟一样，其前胸背板的后缘也覆盖住了小盾片。除去这个特点外，本种的触角鳃片十分修长发达，全身散发强烈的金属光泽，而臀部则是橙色的粗糙质感。

分布概况	菲律宾
雄虫体长	30~60 mm
幼虫期	8~12个月
成虫寿命	4~6个月

活体照▼

表征特写

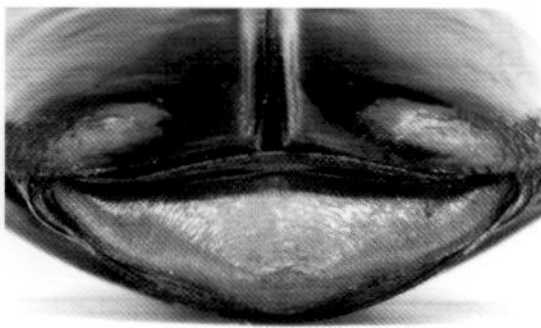

四斑幽花金龟

Jumnos ruckeri
Saunders, 1839

四斑幽花金龟也被称为“四点花金龟”，是我国体型最大的花金龟。本种雄性成虫前足较长，且胫节处有较长的刺突。雌性成虫前足明显短于雄性成虫，雌雄成虫鞘翅上都有四块较大的淡黄色斑块，此特点也是本种名称的来源。

分布概况	中国（云南）；泰国、印度
雄虫体长	30~55 mm
幼虫期	9~12个月
成虫寿命	6~8个月

活体照▼

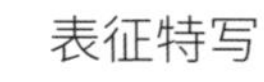

表征特写

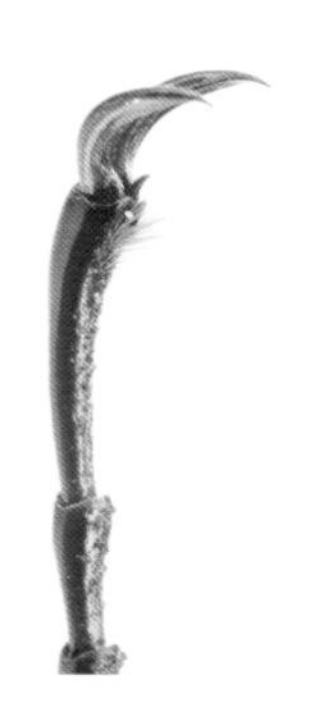

越南钩角花金龟

Herculaisia melaleuca
(Fairmaire,1899)

越南钩角花金龟的前胸背板及鞘翅生长有银白色羽状鳞毛，极易被磨损。本种雄性成虫拥有修长的暗红色前足和粗壮霸气的头角，显得格外瞩目。虽然被称为“越南钩角花金龟”，但在我国云南边境地区也有分布。

分布概况	中国（云南）；越南
雄虫体长	35~40 mm
幼虫期	8~12个月
成虫寿命	4~6个月

活体照▼

表征特写

沃伦霍芬兔耳花金龟

Mycteristes vollenhoveni
Mohnike, 1871

沃伦霍芬兔耳花金龟因其雄性成虫头角如同一对高高竖起的兔子耳朵而得名。还有一种与本种十分相似的花金龟 *Prigenia squamosa*，该种的雄性成虫与本种一样有着一对分叉的头角，但长度要短许多。

分布概况	印度尼西亚（爪哇岛）
雄虫体长	25~30 mm
幼虫期	不详
成虫寿命	不详

活体照▼

表征特写

臂

臂 在此书中指的是长臂金龟亚科（Euchiridae）的甲虫，为鞘翅目金龟子总科（Scarabaeoidea）金龟子科（Scarabaeidae）的其中一个亚科。因为此类甲虫的雄性成虫有着异乎寻常的修长前足而得名。与前面的兜、锹、花相比，长臂金龟亚科是一个很小的家族，一共只有三个属。虽然家族不兴旺，但是个个都有着漂亮的外观，具有很高的观赏价值。

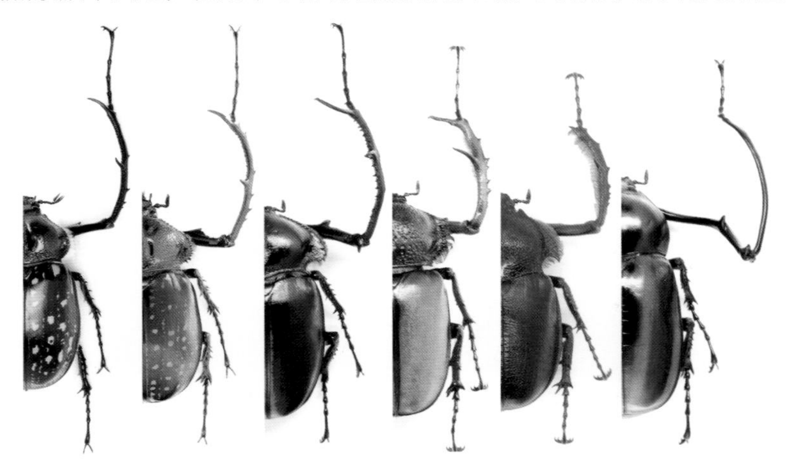

长臂金龟的整个家族集中分布在亚洲，最西也只到西亚和东欧的叙利亚及土耳其等地，这种来自西方的长臂金龟家族成员同时也是该亚科中体型最小的物种——土耳其长臂金龟。与其他南亚、东亚那些亲戚中雄性成虫体长普遍在 60~90 mm 的大家伙相比，土耳其长臂金龟的雄性成虫体长很少能超过 60 mm。（体长的测量标准为头部顶端至鞘翅末端，前足的长度不算在内）

▲ 长臂金龟属中体型最小的土耳其长臂金龟雄虫

与兜虫、花金龟的犄角、锹甲的大颚一样，长臂金龟雄性成虫修长夸张的前足也同样是其争斗时有力的武器。在争斗时，通常会压低身体，用两个前足像相扑选手一样用力推搡对手，或用力敲打对手身体。

▲ 抬起长臂准备战斗的西瓜皮长臂金龟雄性成虫

▲ 西瓜皮长臂金龟雄性成虫正用长臂敲打对手

除了用于争斗外，雄性成虫的长臂也用于吸引异性，在野外，长臂金龟的雌性成虫有时会躲藏在树洞之中，雄性成虫就会利用其如同探杆的长臂伸入洞中引诱它爬出树洞。而雌性成虫却没有雄性成虫那般修长的前肢，它们后肢胫节末端膨大呈碗状，有利于产卵时挖掘腐殖质，并在产卵后推动周围的腐殖质将卵包裹起来。

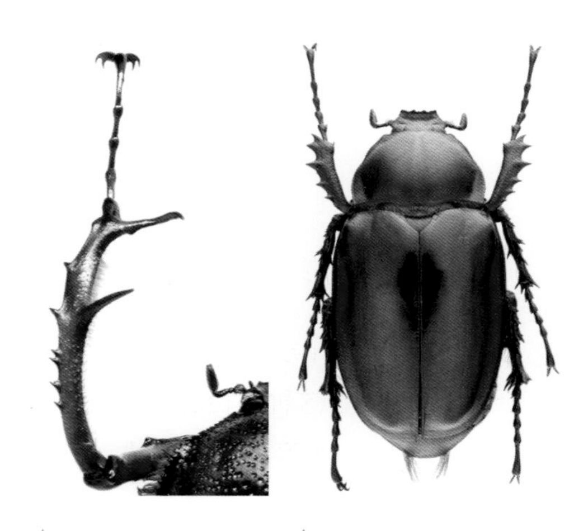

▲ 戴褐长臂金龟雄性成虫的前足

▲ 西瓜皮长臂金龟雌性成虫

长臂金龟有一个有别于其他甲虫的特征，那就是它们奇特的爪。一般甲虫的爪只有一个弯钩，而长臂金龟则有两个弯钩。

▲ 阳彩长臂金龟雄虫前足的爪

▲ 铲车头花金龟雄虫前足的爪

长臂金龟的幼虫同样是“蛴螬型幼虫”，和兜虫的幼虫十分相似，但长臂金龟幼虫的头壳颜色为黄色或淡棕色，表面也比较光滑，没有密集的刻点。而一些长臂金龟3龄幼虫的尾部通常有一块黄色的色斑，十分有趣。和其他甲虫的生长发育模式不同，同一时期繁殖出的长臂金龟幼虫大部分会在次年羽化为成虫，而有一部分幼虫则会以 2 龄或 3 龄形式越冬，到第三年才会羽化为成虫。据推测，长臂金龟这样的生长机制是为了减少近亲繁殖而造成种群基因弱化。

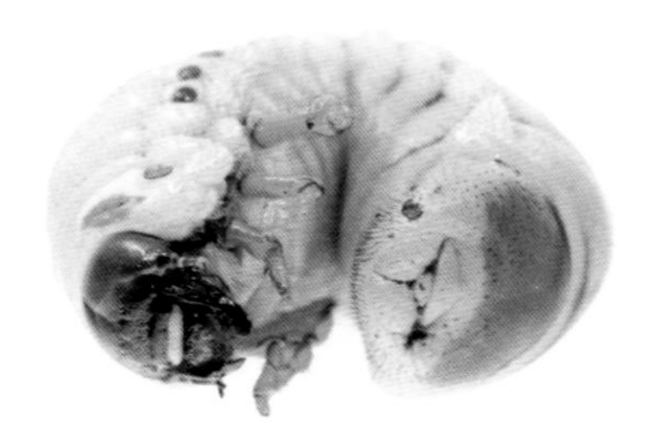

▲ 3 龄的西瓜皮长臂金龟幼虫，可以看到其光滑的头壳和尾部大块的棕色斑块

与其他甲虫水平或略微倾斜的蛹室不同，长臂金龟老熟幼虫通常会制作出竖直或 45°左右倾斜的蛹室，并在其中化蛹、羽化。这种比较竖直的蛹室便于它们在羽化时舒展其长长的前足，当然，偶尔也会出现完全水平的蛹室。在蛹室中，羽化后的成虫经过一段时间的蛰伏就会钻出蛹室开始活动，但此时它们的生命时光也所剩无几了，多数长臂金龟成虫的寿命不会超过 4~5 个月，可以说是非常短命了，在这短暂的成虫期，它们的主要目的就是繁衍后代，在漆黑的地下生活 1~2 年，而后华丽变身，又在短短的数月中留下后代结束生命，长臂金龟的一生真是一段曲折又壮阔的经历！

▲ 阳彩长臂金龟雄虫的蛹

▲ 西瓜皮长臂金龟雄虫的蛹

阳彩长臂金龟

Cheirotonus jansoni
(Jordan, 1898)

※ 此标本为中国科学院动物研究所收藏

阳彩长臂金龟为我国二类保护动物，但在一些地区，本种的野生种群数量并不算少。本种雄性成虫前胸背板多为金绿色，相对光滑，刻点较浅，边缘锯齿状丛生浓密黄色鳞毛，鞘翅色彩单一，仅边缘和中部有黄色条纹。

分布概况	中国（福建、江苏、浙江、江西、湖南、湖北、四川、重庆、广东、广西、海南等地）
雄虫体长	40~85 mm
幼虫期	8~14个月
成虫寿命	3~4个月

活体照▼

表征特写

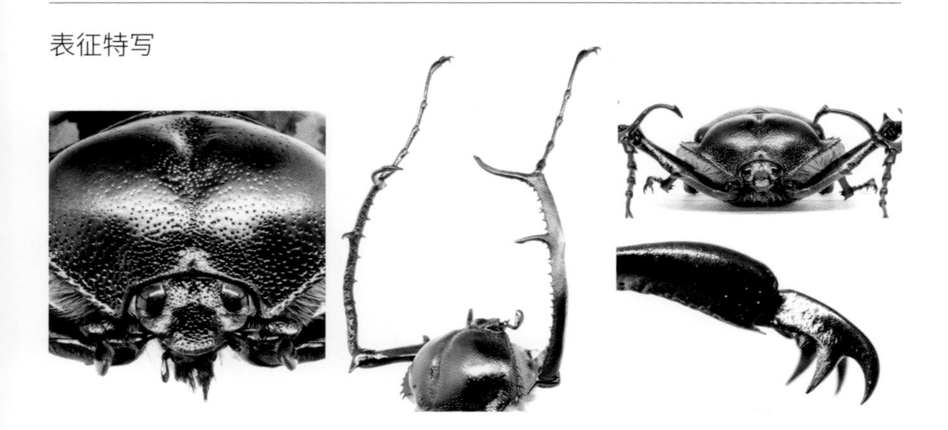

贝彩长臂金龟

Cheirotonus battareli
Pouillaude 1913

贝彩长臂金龟更多时候被称为“越南长臂金龟”。其雄性成虫前肢刺突虽然没有阳彩长臂金龟发达，但却有着漂亮的金属光泽，其前胸背板布满刻点，鞘翅上有密集的黄色斑点，腹面鳞毛十分浓密。

分布概况	中国（云南）；越南
雄虫体长	40~65 mm
幼虫期	8~14个月
成虫寿命	6~8个月

※ 此标本为中国科学院动物研究所收藏

活体照▼

表征特写

戴褐长臂金龟

Propomacrus davidi
(Deyrolle,1874)

※ 此标本为中国科学院动物研究所收藏

戴褐长臂金龟分为两个亚种：指名亚种 *P. davidi daviadi*、福建亚种 *P. davidi fujianensis* ssp. nov，皆分布在我国。戴褐长臂金龟也被称为“大卫长臂金龟”。本种活着的时候身体呈淡黄至淡棕色，但在死亡后由于色素色失活而迅速变得黯淡。

分布概况	中国（福建、江西）
雄虫体长	40~65 mm
幼虫期	12~24个月
成虫寿命	2~3个月

活体照▼

表征特写

土耳其长臂金龟

Propomacrus bimucronatus
(Pallas, 1781)

土耳其长臂金龟与戴褐长臂金龟都属于姬臂金龟属，是所有臂金龟亚科中体型最小的物种。虽然体型不大，但幼虫期跨度为 1~2 年。本种体色通常为黑色至棕红色，雄性成虫前足内侧长有细密的金色鳞毛。其生性温顺，繁育极其容易。

分布概况	土耳其、保加利亚、叙利亚、伊朗、南斯拉夫等地
雄虫体长	30~50 mm
幼虫期	12~24个月
成虫寿命	2~3个月

活体照▼

表征特写

西瓜皮长臂金龟

Euchirus dupontianus

Burmeister, 1841

西瓜皮长臂金龟因其鞘翅的棕色条纹类似西瓜皮的纹路而得名。其前胸背板浑圆且有强烈的金属质感。本种在饲育上常常会出现雌雄羽化不同期的问题，加上成虫寿命不长，很容易出现雌性成虫老死而雄性幼虫还未羽化的尴尬局面，不过它依旧是最受欢迎的长臂金龟物种之一。

分布概况	菲律宾
雄虫体长	45~80 mm
幼虫期	18~24个月
成虫寿命	2~3个月

活体照▼

表征特写

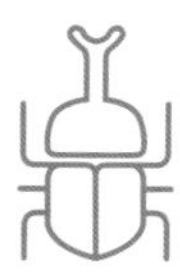

名词解释

Glossary

鞘翅目

鞘翅目(Coleoptera)是昆虫纲中最大的目,包括所有甲虫。目前全世界的甲虫约182科,有 35 万种左右,占全动物界所有物种的 25%。除了海洋和北极圈外,任何自然环境中都可以发现甲虫。甲虫一般都有外骨骼,前翅为鞘质,通常可以覆盖身体的一部分以及保护后翅;前翅不能拿来飞行。部分类群丧失飞行能力,如一些步行虫和象甲等。甲虫为完全变态的昆虫,一生经历卵、幼虫、蛹、成虫四个阶段。

亚种

亚种(Subspecies)是指生物由于地理隔离,不同种群之间难以得到基因交流,并有了一定程度的差异,且这种差异是稳定的。但是这些种群之间可以进行杂交,并产出具有繁衍能力的后代。

指名亚种

亚种名与种加词相同的亚种被称为指名亚种,亦称原名亚种。由于物种亚种的发现,为了和原先描述的种群区分开来,就将原先描述的学名的种名重复一遍,便于和新发现的亚种区分。如:派瑞深山锹形虫指名亚种的拉丁文学名为“*Lucanus parryi parryi* Boileau,1899”,而派瑞深山锹形虫西部亚种的拉丁文学名则为“*Lucanus parryi laetus* Arrow,1899”。同一场合多次出现时,通常可以缩写为“*L. parryi parryi* Boileau,1899”“*L. parryi laetus* Arrow,1899”,即保留属名大写首字母且后面加上符号“.”。

幼虫

完全变态昆虫的卵至蛹之间的形态。甲虫幼虫大多分为 3 个龄期:从卵孵化而出的为 1 龄幼虫,也写作“L1”;1 龄幼虫经过一段时间的进食后蜕皮成为 2 龄幼虫,也写作“L2”;2 龄幼虫再经过一次蜕皮就成为 3 龄幼虫,也写作“L3”。3 龄幼虫体型迅速增大,也是影响羽化后成虫体型的关键时期。

前蛹期

前蛹期也称预蛹期,是指甲虫 3 龄幼虫末期虫体发黄,食量减少,会用口器里的分泌物和排出的粪便,在介质里做出蛹室或者土茧,从而进入前蛹期。前蛹期的幼虫虫体僵硬,外皮皱缩,不再进食。

蛹

蛹是指一些昆虫从幼虫变化到成虫的一种过渡形，这个阶段只会在完全变态的昆虫中出现。在蛹中，幼虫的身体结构则会瓦解，成虫的身体会在这个阶段形成。甲虫的蛹腹部通常具有一定的活动能力，在受到打扰时会扭动腹部。

蛹室/土茧

蛹室是指甲虫 3 龄幼虫末期时用口器分泌物和粪便在周围介质中做出的空腔，并在其中静待羽化，这种空腔被称为“蛹室”，如果空腔外有一层完整外壳则称为“土茧”或“土蛋”。大部分花金龟、少部分锹形虫与极少数兜虫的幼虫会制作土茧。甲虫羽化后会在蛹室、土茧中度过蛰伏期，而后才会从其中钻出活动。

几丁质

几丁质又名“甲壳素”“几丁聚糖”“几丁寡糖”“甲壳质”或“壳多糖”，是一种含氮的多糖类物质，为虾、蟹、昆虫等甲壳的重要成分。

蛰伏期

甲虫从蛹羽化至成虫后，由于体内的内脏器官尚未发育健全，会经过一段时间不进食很少活动的时期，这期间，甲虫内脏器官会逐步发育成熟。

累代

甲虫饲育中所使用的词汇，指一组非近亲的雌雄成虫进行交配后所产下的后代，称为 F1。如果是人工个体则冠以前缀 CB，野生个体则为 W，如野生第一代的甲虫就可被记为“WF1”。将 F1 群体里的雌雄成虫进行近亲繁殖出 F2，这个过程就是累代。

发生季

发生季指的是野生甲虫成虫大批量羽化并度过蛰伏期后出现在原生地的一段时期，不同甲虫的发生期各有不同。比如，野生独角仙在国内的发生季通常是每年的 5 月—7 月。

刻点

刻点是指甲虫甲壳上密集的小凹陷，常出现在甲虫头部、前胸背板之上。个别种类的大颚、鞘翅也会出现刻点，一般情况下，雌虫的刻点要比雄虫的刻点更多也更明显。

叠齿形

叠齿形是甲虫饲育者们所创造的词，一般指的是大锹属雄虫大颚的主齿突与端齿处在几乎同一垂直面的大颚形态，叠齿形的雄虫普遍体型较大。

菌瓶/菌包

菌瓶 / 菌包是人工饲育下部分锹形虫的食材，这是一种通过白色木腐菌（秀珍菇等）将生木屑降解，并作为甲虫幼虫食材的东西。菌瓶和菌包内容物是一样的，只是包装容器不一样。在野外，甲虫幼虫就是取食被真菌降解的树木和落叶，所以用菌瓶饲育甲虫，可以说是一种仿生态饲育法。

发酵木屑

发酵木屑是人工饲育甲虫幼虫的主要食材。腐殖土、大兜土和发酵木屑，本质上都是一样的东西，是将生木屑加入营养物质进行发酵，达到甲虫可以取食的程度的颗粒物。不同的叫法只是因为里面的营养成分和腐朽度不一样。当然，不同厂家生产的幼虫食材的原材料、营养程度和发酵程度都是不同的。

作者有话说

Author's words

以下这段文字本应该写在本书的开篇，但是酝酿这些文字着实让我费了些脑子，同样也为了照顾各位读者的感受，好让大家能够直奔主题而不是看我在此唠叨。所以这些话还是写在最后吧。

一开始我决定编写本书的初衷只是为了自娱自乐，好让自己在平时拍摄甲虫时所得的成果有一个比较好的载体。但是随着素材的增加和编写时废寝忘食地查阅资料与思考后，我觉得仅仅将这本书当作自己的一个小资料库就显得过于自私了。何不将其出版，给更多的甲虫爱好者做出一丁点贡献呢?于是，我开始从各种途径收集更多的甲虫活体与标本，来充实本书的内容。相信我，这是一个一点也不容易的过程，虽然仅仅中国境内的锹甲就有300 多种，但是具有观赏性且适合饲育的物种并不多，而且本书也不能仅仅只包含国内的物种。这个过程中当然少不了牧野虫社提供的大量活体甲虫和饲育方面的资料，也更要感谢杨焕同学借送了我大量国外产的甲虫标本，其中不乏一些稀有物种，当然还有詹志鸿、刘齐宇、康猛等友人也借送了我一些重要的标本。另外，还有方潇、王储、田君良、黄泽钧、陈梓超、张泰然、金黎、卢文浩等友人提供了一些重要的甲虫活体照片，以及白明研究员在本书编写时所给予的帮助。在此万分感谢他们对本书所做的贡献！

本书作为一本独立完成的作品，所有的工作（包括标本收集、标本整姿、标本拍摄、图片后期处理、文案编辑、版式设计）都由我一个人完成。其间的工作量十分巨大，但我也乐在其中。不过由于我个人的水平有限，因此在各个环节中或多或少都存在着不足，比如标本整姿不够完美、照片拍摄存在瑕疵、文字内容有纰漏等诸多问题，但在黄赛、詹志鸿、张巍巍老师、路园园博士等人的审核校正下，已将这些疏漏降到了最低。金无足赤，人无完人，相信即使再严苛的审核也会有漏洞，如各位读者在阅读时发现任何问题都请联系我。

200 种，在整个兜锹花臂类群之中连九牛一毛都算不上，考虑到标本的完整性、颜色的保真性、物种之间的差异性、可查资料的丰度等问题，这 200 种也几乎是在我目前能力范围内能收集到的物种数的极限了。当然我也不会就此停下脚步，我相信随着甲虫文化在国内的推广、饲育水平的不断进步、广大虫友的不断努力，我能收集的观赏类甲虫也会越来越多,《兜锹花臂》一书也不会止步于区区的200种,在收集到一定数量的甲虫后,《兜锹花臂》的第 2 版就离大家不远啦！

杨瑞

2021 年 05 月 12 日

图鉴系列

中国昆虫生态大图鉴（第 2 版） 张巍巍 李元胜
中国鸟类生态大图鉴 郭冬生 张正旺
中国蜘蛛生态大图鉴 张志升 王露雨
中国蜻蜓大图鉴 张浩淼
青藏高原野花大图鉴 牛 洋 王 辰 彭建生

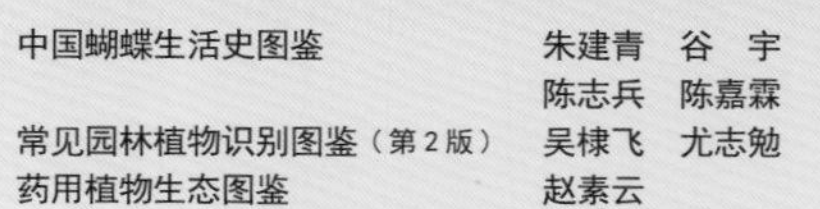

中国蝴蝶生活史图鉴 朱建青 谷 宇 陈志兵 陈嘉霖
常见园林植物识别图鉴（第 2 版） 吴棣飞 尤志勉
药用植物生态图鉴 赵素云
凝固的时空——琥珀中的昆虫及其他无脊椎动物 张巍巍

野外识别手册系列

常见昆虫野外识别手册 张巍巍
常见鸟类野外识别手册（第 2 版） 郭冬生
常见植物野外识别手册 刘全儒 王 辰
常见蝴蝶野外识别手册 黄 灏 张巍巍
常见蘑菇野外识别手册 肖 波 范宇光
常见蜘蛛野外识别手册（第 2 版） 王露雨 张志升
常见南方野花识别手册 江 珊
常见天牛野外识别手册 林美英
常见蜗牛野外识别手册 吴 岷
常见海滨动物野外识别手册 刘文亮 严 莹
常见爬行动物野外识别手册 齐 硕
常见蜻蜓野外识别手册 张浩淼
常见蠡斯蟋蟀野外识别手册 何祝清
常见两栖动物野外识别手册 史静耸
常见椿象野外识别手册 王建赟 陈 卓
常见海贝野外识别手册 陈志云
常见螳螂野外识别手册 吴 超

中国植物园图鉴系列

华南植物园导赏图鉴 徐晔春 龚 理 杨凤玺

自然观察手册系列

云与大气现象 张 超 王燕平 王 辰
天体与天象 朱 江
中国常见古生物化石 唐永刚 邢立达
矿物与宝石 朱 江
岩石与地貌 朱 江

好奇心单本

昆虫之美：精灵物语（第 4 版） 李元胜
昆虫之美：雨林秘境（第 2 版） 李元胜
昆虫之美：勐海寻虫记 李元胜
昆虫家谱 张巍巍
与万物同行 李元胜
旷野的诗意：李元胜博物旅行笔记 李元胜
夜色中的精灵 钟 茗 奚劲梅
蜜蜂邮花 王荫长 张巍巍 缪晓青
嘎嘎老师的昆虫观察记 林义祥（嘎嘎）
尊贵的雪花 王燕平 张 超